Verständliche Wissenschaft

Siebenter Band

Zugvögel und Vogelzug

Von

Friedrich von Lucanus

Springer-Verlag Berlin Heidelberg GmbH 1929

Zugvögel und Vogelzug

Von

Friedrich von Lucanus

1. bis 5. Tausend

Mit 17 Zeichnungen

von

Hans Schmidt

Springer-Verlag Berlin Heidelberg GmbH 1929

ISBN 978-3-642-98427-3   ISBN 978-3-642-99241-4 (eBook)
DOI 10.1007/978-3-642-99241-4

Alle Rechte, insbesondere das der Übersetzung
in fremde Sprachen, vorbehalten.
Copyright 1929 by Springer-Verlag Berlin Heidelberg
Ursprünglich erschienen bei Julius Springer in Berlin 1929
Softcover reprint of the hardcover 1st edition 1929

Vorwort.

Unser volkstümlichster Naturforscher Alfred Brehm nennt mit Recht den Vogel „ein Meisterstück, ein Wunder der Natur". Dem Vogel gab die Natur das eigenartige, herrliche Federkleid, das nirgends im Tierreich eine Wiederholung findet. Bei den Vögeln führte die schöpferische Kraft das Flugwesen zur höchsten Vollendung empor und veredelte die Stimme zur bezaubernden Musik. Ein Wunder ist das Liebesleben der Vögel. Ein Rätsel, das schier unlösbare Aufgaben stellt, sind die Wanderungen der Zugvögel über ganze Erdteile und Weltmeere.

Es gibt kaum ein Problem in der Naturwissenschaft, das den Forschern soviel Kopfzerbrechen verursacht als die Erforschung des Vogelzuges mit seinen geheimnisvollen Vorgängen, die auch heute zum Teil noch ungelöst sind. Große Fortschritte machte die Vogelzugforschung durch Einführung der experimentellen Methode zu Beginn unseres Jahrhunderts. Besonders die Vogelberingung, d. h. das Zeichnen der Zugvögel mit Fußringen, hat uns über die Richtung des Zuges, die Lage der Winterquartiere, die Schnelligkeit des Wanderns und die Heimkehr der Zugvögel vortrefflich unterrichtet. In einem größeren Werke „Die Rätsel des Vogelzuges" habe ich schon früher über die Ergebnisse der experimentellen Forschungsweise eingehend berichtet. Die vorliegende kleine Schrift soll in kurzer Zusammenfassung eine Übersicht geben über das, was wir heute vom Vogelzuge wissen, und über all' die mannigfachen Fragen, die sich an das Problem des

Vogelzuges, dessen Erforschung meine Lebensaufgabe geworden ist, knüpfen. Meine Ausführungen werden aber nicht nur schildern, was von den Wanderungen der Zugvögel erforscht und bekannt ist, sondern sollen auch darauf hinweisen, welche Fragen des Zugproblems noch ungelöst sind und was noch zu ergründen ist, um dadurch zu weiterer, eifriger Beobachtung des Vogelzuges anzuregen.

Berlin, im Juni 1929.

Friedrich von Lucanus.

Inhaltsverzeichnis.

I. **Einleitung.**   Seite
Technik des Vogelfluges. Stammesgeschichte der Vögel 1

II. **Wie erforscht man den Vogelzug?**
Beobachtung der Zugvögel und ihrer Zugbewegungen. Vogelwarten. Beobachtungsstationen 12
Experimentelle Erforschung durch Luftfahrt und Vogelberingung. 21

III. **Die Entstehung des Vogelzuges und seine heutigen Ursachen.**
Die Eiszeit als Schöpferin des Vogelzuges 30
Heimatstreue der Zugvögel 32
Der Zugtrieb und seine verschiedenen Auswirkungen. Individueller Zugtrieb. Verschiedenheit des Zugtriebes nach Alter und Geschlecht. Wesen des Zugtriebes 34

IV. **Richtungen des Zuges und Lage der Winterherberge.** — Winterquartiere der europäischen Zugvögel .. 44
Ausdehnung der Reise. Zug vom nördlichen nach dem südlichen Eismeer 47
Zugrichtungen und Zugwege 48
Zugstraßen. Zug in breiter Front 54
Westliche Küstenstraße. Adriatisch-Tunesische Zugstraße. Italienisch-Spanische Zugstraße. Bosporus-Suez-Straße 58
Kreuzung der Zugwege der amerikanischen Palmensänger 61
Westliche, östliche und nördliche Zugrichtungen im Herbst ... 62
Zugverhältnisse in fremden Erdteilen und auf der südlichen Hälfte der Erdkugel 66
Zug-, Strich- und Standvögel. Zigeunervögel. Wanderer. Irrgäste 68

V. **Wie orientieren sich die Zugvögel?**
Führung der jungen Vögel durch die Alten. Orientierung ohne Führung. Bedeutung der angeborenen Triebe im Leben der Vögel. Angeborener Richtungssinn. Grobe und feine Orientierung. Automatisches Auffinden der Winterherberge 81

VI. Verlauf der Reise. Seite
Ist die Zugbewegung vom Wetter abhängig? 90
Können die Zugvögel das Wetter vorausahnen? 94
Dauer des Zuges. Zugzeiten 95
Verabsäumte Rückkehr. Abnorme Zugerscheinungen 99
Einsame Wanderer. Geselliger Zug. Versammlungsort der Zugvögel 101
Trennung nach Alter und Geschlecht 104
Tag- und Nachtwanderer 106
Flugordnungen. Flugdisziplin 106
Lockrufe der Zugvögel 111
Laufende und schwimmende Zugvögel. Winterschlaf der Schwalben. Reitende Zugvögel 112
Höhe des Zuges. Feststellung der Flughöhe mit Hilfe der Luftfahrt. Aeronautische Experimente für die Bestimmung der Zughöhe 113
Wie schnell reisen die Zugvögel? Zug über den Ozean 121

Verzeichnis der Abbildungen.

1. Stare auf dem Zuge 19
2. Beringter Sperberfuß 22
3. Storchring 27
4. Seidenschwänze als unsere Wintergäste 35
5. Nachtreiher 37
6. Lachmöwe 41
7. Küstenseeschwalbe 49
8. Karte der Hauptzugstraßen in Europa 59
9. Karte der Zugwege der amerikanischen Palmensänger 63
10. Meisenschwarm und Großer Buntspecht im Herbstwalde ... 67
11. Sumpfohreule 69
12. Kreuzschnabel und Rosenstar 73
13. Dünnschnäbliger Tannenhäher 75
14. Steppenhuhn... 77
15. Versammlung der Kraniche vor dem Fortzug 103
16. Ziehende Wildgänse im Winkelflug 107
17. Ziehende Austernfischer in gerader Linie 109

I. Einleitung.
Technik des Vogelfluges. Stammesgeschichte der Vögel.

Die Kunst des Fliegens hat die Natur unter allen Lebewesen bei den Vögeln zur höchsten Vollendung entfaltet. Wohl gibt es auch unter anderen Tieren mehr oder weniger gute Flieger, ihre Leistungen bleiben aber hinter dem Flugvermögen der Vögel weit zurück. Das Flattern der Fledermäuse, der Fallschirmflug der Flughörnchen, der Flugfrösche und Flugechsen, der Drachenflug der fliegenden Fische, der Schwirrflug der Fliegen und Bienen und der gaukelnde, flatternde Flug der Schmetterlinge erreichen nicht im entferntesten die Flugleistungen der Vögel. Das Fliegen der Vögel ist bald ein Dahinstürmen durch die Luft, wobei die Flügel als Ruder gebraucht werden, bald ein Gleiten, Schweben und Kreisen, ohne daß die ausgespannten Flügel bewegt werden. Der Flug ist für den Vogel keine Anstrengung, sondern Freude, Spiel und Lebenslust. Es gibt Vögel, wie Schwalben, Sturmvögel und Segler, die den größten Teil ihres Lebens im Fluge verbringen.

Der Segler gehört ganz dem Luftmeer an. Sein wahres und einziges Lebenselement ist der Flug, zu dem ihn seine langen Schwingen hervorragend befähigen, während seine kleinen, kümmerlichen Füße zum Gehen fast untauglich sind. In stundenlangem, reißend schnellem Fluge durchschneidet der Segler die Luft, hier sucht er seine Nahrung, hier spielt sich sein Liebesleben ab, sogar die Begattung erfolgt im Fluge.

Dem Segler fast gleich tut es die Schwalbe, die ebenso wie jener ganz Lufttier ist.

Die gewandtesten und ausdauerndsten Flieger unter den Vögeln sind die Sturmvögel, deren Heimat der offene Ozean ist, wo sie tagelang in Unwetter und Sturm über den Wellen dahinschweben, nur hin und wieder eine kurze Rast auf dem Wasserspiegel haltend. Ein Albatros, der größte Sturmvogel, folgte einem Schiff, das mit 4,5 Knoten Geschwindigkeit fuhr, sechs Tage im Fluge über dem Wasser. Die Nahrung der Sturmvögel besteht aus Fischen und Meerestieren, die sie im Fluge aus den Wellen erhaschen, wobei sie außerordentlich geschickt jeder Bewegung des Wassers mit blitzschnellen Schwenkungen folgen. Mit größter Gewandtheit, Schnelligkeit und Zierlichkeit wenden und drehen sie sich im Fluge, der bald reißend schnell, bald schwebend und gleitend ist. Ihr Flug ist ein Meisterstück, ein Wunder der Natur!

Sind die Sturmvögel die ausdauerndsten Flieger, so gebührt dem Fregattvogel, der ebenfalls ein Bewohner des Weltmeeres ist, die Siegespalme in der Schnelligkeit des Fliegens, die 40 bis 44 m/sek. erreicht. Der Fregattvogel gehört mit den Pelikanen und Kormoranen zu den sogenannten Ruderfüßern. Fliegende Fische bilden seine Hauptnahrung. Sein langer, tief gegabelter Schwanz und die sehr langen, spitzen Flügel verleihen ihm ein gewaltiges Flugvermögen. Ganz vortreffliche Flieger sind auch die Möwen, Seeschwalben, Enten, Störche, Regenpfeifer, Schnepfen, Stare und vor allem die Raubvögel. Pfeilschnell schießt der Wanderfalke hinter dem fliegenden Vogel her, um ihn in sicherem Stoß zu erfassen. Mit unglaublicher Gewandtheit schlägt der Hühnerhabicht sein Opfer ebenso sicher in der Luft, wie auf dem Erdboden im freien Felde, oder im dichten Gebüsch. Im Segelflug schraubt sich der Bussard in prachtvollen Kreisen in den blauen Äther hinauf. Immer wieder erregt solche Flugkunst unsere Bewunderung.

Freilich gibt es auch Vögel, deren Flugvermögen weniger groß ist. Im Vergleich zu den herrlichen Flugkünsten der Sturmvögel, Segler und Raubvögel erscheint der surrende Flatterflug der Hühner recht unbeholfen, und noch geringer ist die Flugtechnik der Taucher, Alke und Lummen, deren Lebenselement das Wasser ist.

Ein geradezu kümmerlicher Flieger ist der auf Neuseeland lebende Eulenpapagei, der nur unbeholfen kurze Strecken im Fluge zurücklegen kann. Völlig flugunfähig sind die Pinguine, die sich ganz einseitig dem Wasserleben angepaßt haben. Ihre Flügel sind zu flossenartigen Ruderwerkzeugen geworden und zum Fluge untauglich. Auch die Strauße und der Kiwi verloren den Flug, indem sie sich ganz und gar auf ein Leben am Erdboden einstellten. Flugunfähig war auch der Riesenalk, ein typischer Vertreter der Eiszeit, der noch bis zur Mitte des vorigen Jahrhunderts lebte. Dieser Tauchvogel hatte nur kleine, verkümmerte Flügel. Er bewohnte den Norden der Alten und Neuen Welt. Infolge der starken Verfolgung, die der Riesenalk durch Seefahrer, besonders Walfischfänger, zu erleiden hatte, wurde das Verbreitungsgebiet des Vogels immer kleiner. Schließlich beschränkte sich sein Aufenthalt nur noch auf einige Felseninseln bei Island und 1844 wurden die beiden letzten Riesenalke auf der Insel Eldey bei Kap Reikjanes von isländischen Jägern getötet. So ist eine der merkwürdigsten Vogelarten, ein wertvolles Naturdenkmal, durch Menschenhand sinnlos vernichtet worden.

Schlechte Flieger oder gar flugunfähige Arten bilden aber eine Ausnahme im Reich der Vögel, die in ihrer Gesamtheit die Beherrscher der Luft geworden sind.

Eine so hoch entwickelte Flugkunst erfordert eine besondere Organisation des Körpers. Für einen gewandten Flug ist vor allem eine gewisse Starrheit des Rumpfes notwendig. Dieser muß wie ein stählernes Luftschiff die Luft durchschneiden. Jede Biegsamkeit und Weichheit würde die Erhaltung des Gleichgewichts erschweren. Infolgedessen bildet das Rumpfskelett des Vogels eine geschlossene Einheit. Die unbewegliche Rückenwirbelsäule ist mit dem Becken fest verschmolzen und bildet auch mit den Rippen und dem Brustbein ein geschlossenes Ganzes. Ein beweglicher Lendenabschnitt, der bei anderen Wirbeltieren dem Körper Biegsamkeit verleiht, fehlt den Vögeln. Die Festigkeit des Rumpfes ist bei vielen Vögeln noch dadurch erhöht, daß die Rippen im oberen Teil besondere Hakenfortsätze haben, die zur gegenseitigen Stütze dienen. Das Schwanzskelett ist sehr kurz. Die ersten Schwanzwirbel sind mit dem Becken verschmolzen, die letzten Wirbel zu einem einheitlichen Knochen verwachsen, und nur die mittleren Wirbel sind frei und beweglich. Das Brustbein ist sehr groß und breit. Auf seiner Mitte erhebt sich rechtwinklig ein hoher Kamm, Kiel genannt, der die Fläche des Brustbeins noch vergrößert, so daß ein weiter Raum entsteht für eine stark entwickelte Brustmuskulatur. Sie ist von größter Wichtigkeit, denn sie stellt den Motor dar, der die Flügel bewegt. Der Kiel des Brustbeines fehlt nur den flugunfähigen Straußen, Kiwis und Kasuaren, die man daher „Flachbrustvögel" nennt. Alle übrigen Vögel sind „Kielbrustvögel", auch die Pinguine trotz ihrer Flugunfähigkeit. Die Verbindung der Flügel mit dem Rumpf erfolgt durch den Schultergürtel. Die langen, säbelförmigen Schulterblätter laufen dem Rücken parallel und erstrecken sich bisweilen fast bis zum Becken. Vorn an den Schulterblättern befinden sich die Rabenschnabelbeine, die senkrecht nach unten zum Brustbein verlaufen, mit dem sie fest verankert sind. Sie geben den Schultern und den auf ihnen ruhenden Flügeln eine feste Stütze. Die Schlüsselbeine sind zum einheitlichen Gabelbein verwachsen. Überall kehrt also im Bau des Skeletts das Prinzip der Festigkeit und geschlossenen Einheit wieder, wie es für die Flugtechnik erforderlich ist.

Die vorderen Gliedmaßen der Vögel haben ihre ursprüngliche Bedeutung als Geh- und Greiforgane völlig verloren und sind zu Flugwerkzeugen geworden. Unterarm und Hand sind die Träger der Schwungfedern, die den Flug erzeugen. Hände und Unterarme können nur in einer Richtung bewegt werden, nämlich lediglich horizontal in der Ebene des ausgespannten Flügels. Es ist also nur die Bewegung gestattet, die notwendig ist, um den Flügel auszuspannen und zusammenzufalten. Jede andere Biegung der Gelenke ist ausgeschaltet, wodurch eine unnütze und unvorteilhafte Bewegung, die den Flug nur beeinträchtigen würde, verhindert wird. Der ausgespannte Flügel bildet daher eine feste und sichere Tragfläche. Im Schultergelenk dagegen besitzt der

Flügel eine freie Bewegung nach allen Seiten, so daß also seine Stellung jederzeit so verändert werden kann, wie es die Flugtechnik erfordert.

Ebenso wie der Knochenbau des Flügels entsprechen auch die Schwungfedern allen Anforderungen eines hoch entwickelten Flugwesens. Die Flügel sind nach oben gewölbt, wodurch wichtige flugtechnische Vorteile erzielt werden. Beim Aufwärtsbewegen der Flügel gleitet die Luft an der Wölbung schnell und leicht ab, und dadurch wird die Überwindung des Luftwiderstandes erleichtert. Außerdem aber erzeugt die Wölbung des Flügels beim Niederschlag eine Anstauung der Luft, die wieder den Auftrieb erhöht. Ferner entstehen beim Fluge durch wellenförmige Bewegung der Flügel Luftwirbel unter der Flügelwölbung, die ebenfalls einen Auftrieb verursachen und ein Sinken des Vogelkörpers beim Fliegen verhindern. Der Flügel ist also so konstruiert, daß stets eine Aufwärtsbewegung gewährleistet ist.

Der durch das Knochengerüst gebildete vordere Flügelrand ist starr und fest, der von den Enden der Schwungfedern gebildete hintere Rand dagegen weich und elastisch. Beim Niederschlagen der Flügel geben daher die Federenden nach und biegen sich aufwärts, wodurch ein Druck nach vorn verursacht wird, der den Vogel vorwärts treibt. Ein Vortrieb wird ferner dadurch erzeugt, daß die vorderen Handschwingen etwas gespreizt werden. Auch können die Handschwingen bis zu einem gewissen Grade um ihre Längsachse gedreht werden, wodurch das Querprofil des Flügels verändert wird, was für die Technik des Fluges von großer Bedeutung ist. Der Afterflügel, d. h. die kleinen Federn am Daumen der Hand, ist ein besonderes Flügelchen, das unabhängig von den Schwungfedern gebraucht wird und durch Drehung und Entfalten der Federn zum Bremsen der Fluggeschwindigkeit und zum Steuern dient.

Diese vortrefflich ausgebildeten Flugwerkzeuge gestatten die Kunst des Fliegens in höchster Vollendung. Die typische Flugbewegung ist der Ruderflug, bei dem die Flügel gleichmäßig auf und nieder bewegt werden. Die Flügel wirken in der Luft wie die Ruder eines Bootes im Wasser. Erfolgt der

Flug mit außerordentlich schnellen Flügelschlägen, so wird der Ruderflug zum Schwirrflug, wie ihn die Kolibris in höchster Vollkommenheit ausführen. Sie bewegen die Flügel so schnell, daß man sie kaum noch sehen und die Bewegung nicht mehr wahrnehmen kann, wie es beim surrenden Flug vieler Insekten der Fall ist. Im Gegensatz zum Schwirrflug steht der unbeholfene Flatterflug der Hühner, der mit kurzen, hastigen Flügelschlägen ausgeführt wird.

Beim Ruderflug und seinen beiden Unterarten, dem Schwirrflug und Flatterflug, sind die Flügel aktiv beteiligt, indem sie durch Auf- und Niederschlag den Antrieb verursachen.

Ganz anders ist die Flugtechnik beim Gleitflug und Segelflug, die ohne Bewegung der Flügel ausgeführt werden. Der Gleitflug erfolgt aus der Höhe in schräger Linie abwärts mit ausgespannten Flügeln, die wie ein Fallschirm wirken. Die Vorwärtsbewegung wird durch die vom Ruderflug her noch im Körper aufgespeicherte Energie verursacht. Im Segelflug schwebt der Vogel mit entfalteten Schwingen ohne sichtbaren Flügelschlag durch das Luftmeer, senkt sich, steigt höher, führt Schwenkungen aus, zieht Kreise und Schraubenlinien — eine vollendete Technik der Flugkunst! Hervorragende Segelflieger sind die Möwen und die größeren Raubvögel. Der kunstvolle Segelflug hat den Forschern schon viel Kopfzerbrechen verursacht. Man hat die verschiedensten Theorien aufgestellt, um diesen Flug ohne Flügelschlag, also ohne Motor, zu erklären, ohne jedoch bisher eine endgültige Lösung gefunden zu haben. Jedenfalls spielen die Windverhältnisse eine große, man darf vermuten, wohl die entscheidende Rolle beim Segelflug. Wer sich hierfür interessiert, findet in meinem Buche „Das Leben der Vögel"[1] nähere Auskunft hierüber.

Eine andere Flugweise ist das Rütteln. Man sieht es am häufigsten beim Turmfalken, der daher auch Rüttelfalke genannt wird. Der kleine Räuber unterbricht plötzlich seinen Flug und bleibt unter heftigem Flügelschlagen in der Luft an derselben Stelle stehen, um nach Mäusen oder Insekten aus-

---

[1] Friedrich von Lucanus, Das Leben der Vögel. Verlag Scherl, Berlin 1925.

zuspähen. Auch Seeschwalben rütteln in dieser Weise über dem Wasser. Geradezu meisterhaft vollführt der Kolibri den Rüttelflug. Mit unglaublich schnellen Flügelschlägen schwebt der zierliche Vogel vor einer Blüte, um den Schnabel in ihren Kelch zu versenken und mit der langen Zunge Honig und kleine Insekten einzuschlürfen. Dieser Rüttelflug, bei dem der Vogel trotz reger Tätigkeit der Flugwerkzeuge auf derselben Stelle verharrt, ist ebenso wie der Segelflug eine wunderbare Kunst des Fliegens, für die man bisher noch keine einwandfreie Erklärung gefunden hat. Wir sehen hieraus, auf wie hoher Stufe das Flugwesen der Vögel steht und wie schwer es für den Menschen ist, in die geheimnisvollen Kräfte der Natur einzudringen, sie zu durchschauen und zu verstehen. —

Zu den Flugwerkzeugen gehört außer den Flügeln auch der Schwanz, denn auch er ist am Fluge beteiligt. Die Raubvögel spreizen die Schwanzfedern fächerförmig beim Segeln und beim Rütteln. Der Schwanz dient dann als Fallschirm. Beim Fliegen wird durch die unter den Schwanzfedern angestaute Luft ein Auftrieb verursacht. Infolgedessen wird beim Fluge nach unten der Schwanz hochgestellt, um die hebende Wirkung auszuschalten. Ferner dient der Schwanz als Steuer. Doch darf diese Bedeutung nicht allzu hoch eingeschätzt werden, denn so hervorragend gute Flieger, wie Möwen und Störche, haben nur verhältnismäßig kleine Schwänze, deren flugtechnische Wirkung nicht sehr bedeutend sein kann. Ja sogar der Albatros, der beste Flieger aller Vögel, hat keinen stark entwickelten Schwanz, und die schwanzlosen Steißfüße fliegen auch und müssen im Fluge auch steuern können.

Die seitliche Steuerung im Fluge geschieht nicht durch den Schwanz, sondern durch Verminderung des Flügelschlags auf einer Seite, wodurch der Körper seitlich beigedreht wird. Ferner spielt der kleine Afterflügel eine Rolle für die Steuerung, worauf schon oben hingewiesen wurde.

Die Haltung der Beine und des Halses hat auch ihre Bedeutung für den Flug. Sie muß jedenfalls so erfolgen, daß durch diese Gliedmaßen keine Beeinträchtigung des Fliegens erfolgt. In meinem „Leben der Vögel" habe ich darüber folgendes gesagt: „Über die Beinhaltung fliegender Vögel war man sich lange im unklaren. Nach den neueren Beobachtungen unterliegt es kaum einem Zweifel, daß wohl fast alle Vögel beim Fliegen auf längere Strecken die Füße ausgestreckt nach hinten unter den Schwanz legen. Dies ist jedoch nicht so zu verstehen, daß das ganze Bein, also auch Ober- und Unterschenkel eine wagerechte Linie bilden. Das Knie ist vielmehr gebeugt, es ist also der Oberschenkel nach vorn, der Unterschenkel nach hinten gerichtet. Eine Ausnahme in der Fußhaltung mögen die Vögel mit sehr kleinen Füßen und kurzem Lauf machen, wie Segler, Kolibris und Schwalben, die ihre stummelartigen Füße wohl an das Bauchgefieder anziehen. Die Raubvögel tragen nicht zu schwere Beute mit nach hinten gestreckten Füßen. Ich habe wiederholt Milane und Bussarde gesehen, bei denen die in den Fängen gehaltene Beute hinten unter dem Schwanz lag. Die Füße waren also ausgestreckt. Beim Tragen sehr schwerer Beute lassen die Vögel die Füße herabhängen, da diese dann durch das Gewicht heruntergezogen werden. Fliegende Vögel, die im Begriff sind, zu landen, senken die Füße nach unten, was man sehr schön beim Storch mit seinen langen Beinen beobachten kann. Durch das Hängenlassen der Beine wird die Vorwärtsbewegung gehemmt. Raubvögel lassen beim Rütteln die Füße herunterhängen.

Kopf und Hals strecken die meisten Vögel beim Fliegen nach vorn, was besonders bei langhalsigen Vögeln, Schwänen, Gänsen, Enten, Trappen oder Störchen, auffällt. Reiher ziehen im Fluge den Hals ein, so daß ihr Flugbild dem großer Raubvögel ähnlich ist."

Der Bau des Vogelkörpers ist in höchster Vollendung dem Flugwesen angepaßt und gestattet dem Vogel so gewaltige Flugleistungen, wie wir sie nirgends im Tierreich wiederfinden. Dies hochentwickelte Flugwesen machte die Vögel unabhängig von der Scholle. Sie sind jederzeit imstande, ihren Aufenthalt zu wechseln, wobei selbst große Entfernungen, die über ganze Erdteile und offene Meeresstrecken führen, keine Rolle spielen. Hiermit war den Vögeln die Möglichkeit gegeben, große Wanderungen auszuführen. Die Meisterschaft im Fliegen war die Vorbedingung für den Wanderflug der Zugvögel. Der Zugvogel kann also erst in Erscheinung getreten sein, nachdem das Flugwesen jenen hohen Grad der Ausbildung erlangt hatte, den wir heute bewundern. Dies erfolgte aber erst in einer über Jahrtausende sich erstreckenden Entwicklung.

Die Paläontologie leitet den Ursprung der Vögel von den Reptilien her. Die Richtigkeit dieser Anschauung wird durch die aufgefundene Versteinerung eines höchst merkwürdigen vorweltlichen Vogels der Jurazeit bestätigt, der noch ausgesprochene Merkmale der Reptilien trägt. Man hat dies Tier „Archaeopteryx macrura", zu deutsch „Langgeschwänzter Urvogel", benannt. Der Reptilientyp tritt am auffälligsten in dem langen, aus 20 Wirbeln bestehenden Schwanzskelett hervor, das ganz einem Eidechsenschwanz entspricht und zu dem kurzen, verkümmerten Schwanzskelett der heutigen Vögel im Gegensatz steht. Neben den echten Rippen hat Archaeopteryx, abweichend von den heutigen Vögeln, noch Bauchrippen, wie sie die alten Flugsaurier hatten und die Krokodile noch heute besitzen. Höchst eigentümlich sind die vorderen Gliedmaßen, die bereits den Vogelflügel darstellen, aber ihre Bedeutung als Kletterorgane noch nicht eingebüßt haben. Vorn am Flügelgelenk stehen 3 völlig ausgebildete Finger, die mit scharfen Krallen versehen sind, mit denen das Tier im Gebüsch umherklettern konnte. Auch die Hand der heutigen Vögel zeigt drei Finger, die aber verkümmert und in der Bildung des Flügels ganz verschmolzen sind, so daß sie ihre Bedeutung als Greif- und Kletterorgane völlig verloren haben. Frei und beweglich ist nur der Daumen geblieben, der den Stützpunkt des Afterflügels bildet, von dem schon oben die Rede war, und auch lediglich der Flugtechnik dient.

Es sei hier eingeschaltet die merkwürdige Erscheinung, daß es auch heute noch eine Vogelart gibt, deren Jugendform einen archaeopteryxartigen Kletterflügel besitzt. Dieser höchst eigentümliche Vogel lebt im Gebiete des Amazonenstromes und wird Schopfhuhn oder Hoatzin genannt. In seinem anatomischen Bau erinnert das Schopfhuhn an die Hühner, die Rallen und die Kuckucke. Infolge dieser Vereinigung von

Merkmalen ganz verschiedener Vögel hat die systematische Einreihung des Schopfhuhnes manche Schwierigkeit bereitet. Man erhebt die nur aus einer Art bestehende Gattung zu einer besonderen Ordnung, oder aber man reiht das wundersame Tier den Hühnern ein, mit denen es noch die größte Ähnlichkeit hat. Seinen Namen führt das Schopfhuhn nach dem langen, spitzen Federschopf, der auf dem Kopf steht. Das Gefieder ist auf der Oberseite des Körpers olivbraun mit weißer Strichelung, auf der Unterseite hellrostgelb. Die Schopfhühner nisten am Flußufer im Gebüsch, mit Vorliebe in den über dem Wasserspiegel hängenden Zweigen. Die Jungen kommen mit einem rotbraunen Dunenkleid zur Welt und nehmen eine eigenartige Zwischenstellung zwischen den Nesthockern und Nestflüchtern ein. Sie verlassen nämlich schon frühzeitig zeitweise das Nest, um im Gebüsch umherzuschlüpfen oder bei Gefahr sich zu verbergen, wobei neben den Füßen die Flügel als Kletterorgane gebraucht werden. Beim jungen Schopfhuhn sind der Daumen und der 2. Finger frei und beweglich und wie bei Archaeopteryx mit Krallen versehen, mit denen der Vogel sich bei der Fortbewegung an den Zweigen anhakt. Mit dem Wachstum verschwindet die Beweglichkeit der Finger und die Krallen schrumpfen zu einem kaum sichtbaren Höcker ein, womit die Hand ihre Bedeutung als Greiforgan wieder verliert und ganz in den Dienst der Flugtechnik gestellt wird, wie es beim normalen Vogelflügel der Fall ist. Das junge Schopfhuhn ist gewissermaßen ein lebendes Fossil, das ebenso wie die Versteinerung des Urvogels Archaeopteryx wichtige Merkmale einer längst verklungenen Ahnenstufe der Vögel zur Schau trägt und auf eine Reptilienabstammung der Vögel hinweist. Solch' lebende Fossilien gibt es noch mehr in der Tierwelt. Es sei nur an die eierlegenden Säugetiere (Schnabeltier und Ameisenigel) sowie an die Beuteltiere erinnert, deren höchst eigentümliche Fortpflanzungsgeschichte auch eine frühere, primitive Entwicklungsstufe der Säugetiere darstellt.

Kehren wir nach dieser kurzen Abschweifung zum Urvogel Archaeopteryx zurück. Die Bedeutung seiner vorderen Gliedmaßen als Kletterorgane wird in den Schatten gestellt durch ihre bereits erfolgte Umbildung zum richtigen Vogelflügel mit Schwungfedern an Hand und Oberarm. Der stark abgerundete Flügel mit den verkürzten vorderen Handschwingen gleicht den runden, kurzen Flügeln der heutigen Hühner, die keine guten Flieger sind. Infolgedessen darf man vermuten, daß der Urvogel kein guter Flieger war, worauf auch die schwachen Flügelknochen und die noch freien, zum Klettern dienenden Finger hindeuten. Ein Organ, das doppelten Zwecken dient, die noch dazu auf ganz entgegengesetzten Gebieten liegen, kann eben auf keinem dieser beiden Gebrauchsmöglichkeiten viel leisten. Der Flug des Urvogels wird nur ein unbeholfenes Flattern gewesen sein. Der Vogel war wohl nicht imstande, weite Strecken im Fluge zu durchmessen, sondern seine Flugkunst beschränkte sich darauf, im Gebüsch umherzuflattern.

Die hinteren Gliedmaßen des Urvogels zeigen bereits alle Merkmale des Vogelbeins. Der Fuß trägt 4 Zehen, von denen, wie bei den meisten heutigen Vögeln, drei nach vorn und eine nach hinten stehen. Ferner zeigt das Bein des Urvogels bereits den Lauf, jenen für die Vögel typischen Knochen, der zwischen den Zehen und dem Unterschenkel eingeschaltet ist und manche Vögel, wie Storch und Reiher, so hochbeinig macht.

Der Kopf von Archaeopteryx ist ein Mittelding zwischen Echsenkopf und Vogelkopf. Er hat in seiner äußeren Form mit den zu einem Schnabel gewordenen Kiefern Vogelgestalt. Aber in den Kiefern sitzen noch Zähne, wie sie der Rachen des Krokodils zeigt. Kein heutiger Vogel besitzt Zähne, die mit Wurzeln im Kiefer sitzen. Die zahnartige Bildung im Schnabel der Enten, Gänse und Schwäne, die die Ordnung der „Zahnschnäbler" bilden, hat mit eigentlichen Zähnen nicht das geringste zu tun. Diese sägeartigen Schnabelränder sind lediglich zackige, äußere Gebilde der Schnabelscheiden.

Die Abstammung der Vögel von den Reptilien erschien mir deswegen erwähnenswert, weil sie zeigt, daß die Vögel ihr Flugvermögen sich erst allmählich erworben haben, und daß daher die ersten Vögel schlechte Flieger gewesen sein müssen. Infolgedessen müssen die ersten Vögel unbedingt Standvögel gewesen sein, denn sie waren ja zu einem weiten und schnellen Fluge noch gar nicht befähigt. Sie konnten infolgedessen noch keine Wanderungen unternehmen. Der Standvogel ist also der ursprüngliche Vogeltypus, aus dem sich erst später mit der Vervollkommnung der Flugtechnik der Zugvogel herausgebildet hat.

II. Wie erforscht man den Vogelzug?

Wenn wir uns über die Lebensgewohnheiten eines Tieres unterrichten wollen, so müssen wir seine Gewohnheiten und Lebensnotwendigkeiten eingehend beobachten und sie in jeder Weise und nach jeder Richtung hin prüfen. Hierfür stehen dem Forscher zwei Wege zur Verfügung: die unmittelbare Beobachtung in der Natur und das Experiment. Durch experimentelle Forschungsweise gelang es z. B. nachzuweisen, ob und inwieweit die Außentemperatur für die Erzeugung des Winterschlafes der Tiere von Einfluß ist, wieweit die Farbe der Schmetterlinge von der Temperatur abhängig ist, welchen Einfluß die Farben des Sonnenspektrums auf den lebenden Körper haben und vieles andere. Diese beiden Arbeitsmethoden der unmittelbaren Beobachtung in der Natur und des Experiments gelten auch in der Erforschung des Vogelzuges.

Am nächsten liegt es natürlich, die Wanderungen der Zugvögel durch Beobachtung in Feld und Flur zu ergründen, wie man es seit vielen Jahrhunderten tut. Besonders geeignet hierfür sind solche Stellen, an denen der Vogelzug in starkem Maße in Erscheinung tritt, also Örtlichkeiten, wo die Zugvögel in großen Scharen zusammenströmen. Bei uns in Deutschland gilt dies in erster Linie von zwei Punkten: dem Felseneiland Helgoland in der Nordsee und der Kurischen Nehrung im Gebiet der Ostsee. Helgoland ist seit alten Zeiten berühmt durch den Vogelzug, der hier in gewaltiger Weise in Erscheinung tritt. Der Landschaftsmaler Gätke, der in der zweiten Hälfte des vorigen Jahrhunderts auf Helgoland lebte, war der Erste, der hier die Zugvögel eingehend beobachtete und das Studium des Vogelzuges zu seiner Lebensaufgabe machte. Seine reichen Beobachtungen und Erfahrungen, die er in jahrzehntelanger, unermüdlicher Arbeit sammelte, veröffentlichte er in seinem berühmten Buche „Die Vogelwarte Helgoland", das die Grundlage der Vogelzugforschung in Deutschland bildet. Wenn auch manche seiner Ansichten, die er hier ausgesprochen hat, durch die neuere Forschung überholt und widerlegt sind, so wird dadurch der Ruhm dieses Mannes, der ein Pionier der Vogelzugforschung war, nicht geschmälert. Er war einer der ersten, der den Versuch machte, eine umfassende und erschöpfende Darstellung von den Wanderungen der Zugvögel zu geben, womit er der Wissenschaft einen unschätzbaren Dienst erwiesen hat.

Helgoland wird alljährlich im Herbst von Tausenden und Abertausenden Vögeln aller Arten auf ihrem Zuge von Skandinavien und Dänemark über die Nordsee überflogen. Besonders stark macht sich der Vogelzug an Tagen mit ungünstiger Witterung bemerkbar, wenn Nebel, Sturm und Regen die beschwingten Wanderer auf dem Fluge über das Meer überrascht. Dann streben die Vögel nach Helgoland, um hier zu rasten und Schutz zu suchen vor den Unbilden des Wetters. Zu solcher Zeit wimmelt die Insel von zahllosen Vögeln. Für die Bewohner von Helgoland war früher ein solcher Vogeltag ein Fest. Jung und alt zog aus, um die ermüdeten Vögel zu fangen und sie nach Art der Italiener in den Kochtopf wandern zu lassen. Der Vogelfang war eine uralte Sitte der Helgoländer, die ihn gewissermaßen als ihr gutes Recht betrachteten. Heute, wo der Naturschutz eine so große Rolle spielt, hat die Gesetzgebung auch hier eingeschritten. Wohl mögen noch hin und wieder einige Übergriffe vorkommen, aber der große Vogelmord, wie er früher an der Tagesordnung war, besteht nicht mehr.

Bisweilen erscheinen die Zugvögel auf Helgoland in schier endlosen Massen. Man fragt erstaunt, wo all die Vögel herkommen, die auf dem kleinen Felseneiland der Nordsee zu Tausenden, ja Millionen zusammenströmen. Den Massenzug der Vögel, wie er auf Helgoland zeitweise auftritt, schildert G ä t k e in sehr anschaulicher Weise in seiner „Vogelwarte

Helgoland". Er sagt vom Star: „In welchen Massen sie aufzutreten vermögen, bewies der Sommer von 1878 — mein Tagebuch gibt an: Juni 20. und 21. große Scharen junger Stare, 22., 23. und 24. ungeheuer viel junge Stare, bis Ende des Monats täglich viele Tausende. Juli vom 1. bis 12. Tausende und Zehntausende junger Stare täglich. Nach einer Pause von zwei Monaten, während welcher kein Star gesehen wird, beginnt der Zug der alten Vögel in vollständig vermausertem, schwarzem, sehr geflecktem Kleide. In obigem Jahre 1878 trafen die ersten nach Hunderten zählenden Scharen am 22. September ein. Den 2. und 7. Oktober große Massen alter Vögel, am 8. Flüge von Tausenden, am 13. zu Zehntausenden, am 14. alte Stare Hunderte von Zehntausenden. Am 20. Zehntausende, am 28. große Massen." Von der Feldlerche berichtet Gätke, daß sie mitunter zu Myriaden erscheine, die gleich den Flocken eines Schneewehens während der Herbstnächte nicht nur im Bereiche des Leuchtfeuers, sondern auch meilenweit in See nördlich und südlich der Insel vorbeiziehen. Ein solcher Zugstrom hatte nach Gätke etwa 6 bis 8 deutsche Meilen Frontausdehnung und währte 7 Stunden lang. In einer Zugnacht fingen die Helgoländer 15000 Lerchen. Dem Vogelschützer mag diese Zahl erschreckend hoch vorkommen; im Vergleich zu der nach Myriaden zählenden Lerchenmasse erscheint sie jedoch gering und bedeutet keinen nennenswerten Abbruch, wie Gätke selbst sehr zutreffend sagt. Als drittes Beispiel des Helgoländer Vogelzuges sei das Goldhähnchen erwähnt. Von ihm sagt Gätke folgendes: „Der Herbstzug bringt dies Goldhähnchen meistens ziemlich zahlreich, manchmal aber in wahrhaft staunenerregenden Massen hierher, so unter anderem im Jahre 1882. Während der Nacht vom 28. zum 29. Oktober erreichte der Zug einen so gewaltigen Umfang, daß jeder Versuch, die Zahl der Wanderer durch eine Ziffer auch nur annähernd zu bezeichnen, vergeblich erscheinen mußte und hierzu nur ein vergleichendes Bild aushelfen konnte, das nächstliegende war in jedem Falle das eines Schneegestöbers: so zahllos wie die Flocken eines solchen zogen während jener Nacht von 10 Uhr abends bis zum

Tagesanbruch diese Tierchen, in wenig wechselnder Dichtigkeit, stetig von Ost nach West am Leuchtfeuer vorbei, in seinem hellen Lichte tatsächlich nicht unähnlich dahinwehenden Schneeflocken. Bei Tagesanbruch war die ganze Insel buchstäblich bedeckt mit diesen Vögelchen, von denen jedoch bis gegen 10 Uhr vormittags die meisten schon weitergezogen waren."

Was die Beobachtung des Vogelzuges auf Helgoland wesentlich erleichtert, ist das Leuchtfeuer, dessen Schein die Zugvögel auf weite Entfernung anzieht, besonders in dunklen Nächten, wenn Mond und Sterne von Wolken verhüllt sind. Hier am Leuchtturm hat Gätke seine interessantesten Beobachtungen gemacht. Freilich birgt der Leuchtturm auch Gefahr und Unheil für die Vögel. Geblendet durch das grelle Licht des Scheinwerfers, sehen sie den Leuchtturm nicht und fliegen mit solcher Gewalt dagegen an, daß sie betäubt oder tot zu Boden fallen. Am Morgen nach einer Nacht mit starkem Vogelzuge liegen dann Hunderte, ja Tausende kleiner Vogelleichen unter dem Leuchtfeuer, ein Trauerspiel für den Vogelschützer, eine reiche und wertvolle Ausbeute für den Forscher, der unter den Opfern manch' seltenen Vogel findet.

Gegen diesen unfreiwilligen Vogelmord der Leuchttürme versucht man neuerdings Abwehrmaßnahmen zu treffen. Man beleuchtet den Turm von außen durch elektrische Lampen, die an der Galerie des Turmes angebracht sind und gleichzeitig mit dem Scheinwerfer eingeschaltet werden. Hierdurch wird den Vögeln das Hindernis des Leuchtturmes kenntlich gemacht. Wenn diese Schutzlampen das Totfliegen der Vögel auch nicht völlig verhindern, so bilden sie doch ein sehr gutes und nicht zu unterschätzendes Mittel, die Todesopfer zu verringern, wie man auf Helgoland, wo die ersten Versuche mit dieser Schutzvorrichtung gemacht wurden, feststellen konnte.

In so gewaltigen Scharen, wie noch vor einem halben Jahrhundert zu Gätkes Zeiten, erscheinen jetzt die Zugvögel nicht mehr auf Helgoland. Die Abnahme der Vogelwelt macht sich eben überall bemerkbar. Immerhin zeigt sich auch noch heute ein sehr reger Vogelzug auf Helgoland, und zeitweise, wenn auch seltener, treten starke Zugerscheinungen auf, die an Gätkes Schilderungen erinnern. So fand in den beiden Nächten vom 2. zum 3. und vom 3. zum 4. September 1926 ein Massenzug von Singvögeln statt. Nach Angabe der Vogelwarte Helgoland war die Menge der Vögel, die in der Nacht vom 3. zum 4. September über Helgoland hinfort zog, auf wenigstens 70000 Stück zu veranschlagen. Am 4. war auf der ganzen Insel ein unbeschreibliches Gewimmel rastender Vögel.

Nach dem Tode Gätkes im Jahre 1897 ruhte längere Zeit die Beobachtung des Vogelzuges auf Helgoland, bis nach einem Jahrzehnt die biologische Anstalt auf Helgoland auf Veranlassung ihres Mitarbeiters Weigold, eines eifrigen Ornithologen, das Studium des Vogelzuges in ihr Arbeitsprogramm aufnahm, nachdem sie bisher ihre Arbeit nur der Meeresfauna gewidmet hatte, ohne das gewaltige Wunder des Vogelzuges, das die bedeutendste biologische Erscheinung auf Helgoland ist, beachtet zu haben. Hier ist nun glücklich dank des energischen Eingriffs Weigolds, der auch die Schutzlampen am Leuchtturm einführte, Wandel geschaffen. Die Vogelwarte Gätkes auf Helgoland ist zu neuem Leben erwacht und leistet wertvolle Arbeit auf dem Gebiet der Vogelzugforschung.

Ebenso wie Helgoland ist auch die Kurische Nehrung eine Massenzugstraße ersten Ranges. Gewaltige Vogelscharen überfliegen im Herbst und Frühjahr die Nehrung. Infolgedessen errichtete hier die Deutsche Ornithologische Gesellschaft im Jahre 1901 die Vogelwarte Rossitten, die später in den Besitz der Kaiser-Wilhelm-Gesellschaft zur Förderung der Wissenschaften überging.

In früheren Jahren weilte ich oft zum Studium des Vogelzuges auf der Vogelwarte Rossitten, an deren Begründung und Ausbau ich selbst tatkräftig mitwirken konnte.

Die Beobachtung des Vogelzuges auf der Kurischen Nehrung ist außerordentlich günstig, weil die Zugvögel die Nehrung in ihrer ganzen Ausdehnung überfliegen. Da ferner die Nehrung an manchen Stellen sehr schmal ist und die freie Dünenlandschaft einen weiten Ausblick gewährt, so kann man sich einen Beobachtungspunkt wählen, von dem aus man den ganzen Vogelzug übersehen kann.

Der typische Zugvogel der Kurischen Nehrung ist die Nebelkrähe. Sie überfliegt in schier endlosen Mengen im Herbst den schmalen Küstenstreifen. Es sind finnische und nordrussische Brutvögel, die westwärts ziehen, um in Deutschland und Nordfrankreich zu überwintern. Die Nebelkrähe ist also keineswegs, wie der Laie wohl glaubt, ein Standvogel, sondern auch Zugvogel, und unter den vielen Krähen, die bei uns überwintern, befinden sich zahlreiche Gäste, die aus dem nordöstlichen Europa zugewandert sind. Die Krähe spielt im Leben der Nehrungsbewohner eine große Rolle. Sie ist ein vielbegehrtes Nahrungsmittel. Sobald an einem Herbstmorgen der Krähenzug einsetzt, dann ziehen die Krähenfänger hinaus in das Dünengelände zum Krähenfang, der mit großen Zugnetzen ausgeübt wird. Getrocknete Fische werden als Köder ausgelegt. Die ersten erbeuteten Krähen werden als Lockvögel benutzt. An einem Fuß wird eine Schnur gebunden, die an einem in die Erde gesteckten Pflock befestigt wird. In einem aus Zweigen erbauten Schirm lauert der Fänger auf Beute. Sobald eine größere Anzahl Krähen auf dem Fangplatz bei den Lockvögeln eingefallen ist, zieht der Fänger die Leine, das Netz schlägt herum und bedeckt die Krähen. Die gefangenen Vögel werden auf eine sehr sonderbare Weise getötet, die zunächst grausam und abschreckend erscheint, in Wirklichkeit aber sehr schmerzlos ist. Der Fänger beißt die Krähe tot, indem er ihren Schädel durch einen kurzen, kräftigen Biß mit den Zähnen zertrümmert. Der Vogel ist sofort getötet. Dies ist eine uralte, seit Jahrhunderten bestehende Sitte der Krähenfänger auf der Kurischen Nehrung, die infolgedessen „Krähenbeißer" genannt werden.

Die Krähen eröffnen gewöhnlich den Vogelzug bei Tagesanbruch. Sie ziehen in losen Ketten, indem kleinere oder größere Trupps sich in kurzen Abständen folgen. Welle auf Welle drängt sich heran, kaum sind die ersten Schwärme unserem Auge entschwunden, da zeigen sich die nachfolgenden Scharen unseren Blicken. Jetzt eilt ein Flug Wildtauben, etwa

15 bis 20 Stück, vorüber. Ein gewaltiger Schwarm Stare saust in reißend schneller Geschwindigkeit über unseren Kopf hinweg. Sie sind nicht wie die Krähen in loser, schmaler Linie gruppiert, sondern bilden eine dicht gedrängte Masse mit breiter Front (Abb. 1). Einzelne Flüge von Heidelerchen, deren melodische Lockrufe weit hörbar sind, tauchen auf, große Mengen von Finken und Leinzeisigen fliegen in wolkenartigen Schwärmen vorüber. Drosseln ziehen eilenden Fluges in kleineren Gruppen oder größeren Gesellschaften dahin. Ein leises „Zipp" verrät uns, daß Singdrosseln darunter sind. Ein Trupp Gänse, dem bald eine Schar Kraniche folgt, durchschneidet in Keilform die Luft. Ihre Flughöhe ist bedeutend größer als die der kleineren Zugvögel. Zwischen all diesen Vogelscharen erscheint hin und wieder ein Raubvogel. Da schwebt ein Mäusebussard, dann taucht ein Wanderfalke, ein Turmfalke, Baumfalke, Merlin oder ein Sperber auf, und wenn das Glück uns hold ist, zieht in majestätischem Fluge ein Seeadler an uns vorüber. In den Dünen wimmelt es in den Büschen von Tausenden von Goldhähnchen und zahlreichen Rotkehlchen, die nicht wie die anderen Vögel im stetigen Fluge dahinstreben, sondern, stets Deckung suchend, von Busch zu Busch huschen. In dieser Weise geht an einem guten Zugtage der Vogelzug auf der Kurischen Nehrung ohne Unterbrechung bis gegen Mittag fort, um dann allmählich nachzulassen und bald ganz aufzuhören. In den Nachmittagsstunden und am Abend findet nur selten und ausnahmsweise Vogelzug statt.

Ebenso wie auf Helgoland gibt es auch auf der Kurischen Nehrung Tage, an denen der Vogelzug besonders stark in Erscheinung tritt. Einen solch' kritischen Tag erlebte ich in Rossitten am 10. Oktober 1912. Ich konnte an diesem Tage nicht weniger als 29 Vogelarten feststellen, die in gewaltiger Menge von Zehntausenden über die Nehrung zogen. Die Gesamtzahl ließ sich auf etwa 29 000 Vögel veranschlagen.

Außer Helgoland und der Kurischen Nehrung gibt es natürlich auch noch andere Punkte, die für die Beobachtung des Vogelzuges besonders geeignet sind. Dies sind vor allem die Meerengen, die Europa von Afrika und Kleinasien tren-

Abb. 1. Stare auf dem Zuge.

nen, wo sich die Zugvögel in gewaltigen Massen zusammenscharen, ferner die Inseln im Mittelländischen Meer. Auf der Insel Pelagosa, wo der Vogelzug in starkem Maße in Erscheinung tritt, hatten die Österreicher in früherer Zeit eine Station zur Erforschung des Vogelzuges errichtet.

Außer an den Orten, wo ein Massenzug stattfindet, muß der Vogelzug natürlich auch im Binnenlande beobachtet werden, was freilich mit größeren Schwierigkeiten verbunden ist, da die Zugvögel sich hier mehr verteilen und daher der Zug nicht so stark in Erscheinung tritt. Der große Reformator der Naturwissenschaft Karl v. Linné kam als erster auf den Gedanken, zur Erforschung des Vogelzuges ein Beobachtungsnetz zu errichten. Er ließ in seiner schwedischen Heimat an möglichst vielen Orten genaue Aufzeichnungen über den Fortzug und die Ankunft der Zugvögel machen, um so über den Verlauf des Zuges Klarheit zu gewinnen. Seinem Beispiel folgte man später auch in anderen Ländern, wie in Deutschland, Rußland, Österreich und Ungarn. So gewann die Erforschung des Vogelzuges durch ein weit verzweigtes Beobachtungsnetz immer mehr an Bedeutung und Umfang. Es wurde auf diese Weise ein umfangreiches Material über die Ankunfts- und Abzugszeiten der Zugvögel zusammengetragen, das wohl einen großen wissenschaftlichen Wert birgt, aber doch nicht ausreicht, um die vielen rätselhaften Fragen im Problem des Vogelzuges zu klären.

So großen Wert eine unmittelbare Beobachtung des Vogelzuges auch hat, so bleibt sie doch in mancher Beziehung lückenhaft. Wir sehen die wandernden Vogelscharen, wir können ihr Verhalten auf dem Zuge feststellen, vermögen Einblick zu gewinnen, ob auf der Wanderung eine Trennung nach dem Alter und Geschlecht erfolgt, können die Zugzeiten festlegen und manch andere wertvolle Beobachtung machen, aber die Feldbeobachtung klärt uns nicht darüber auf, welchen Weg die Vögel, die wir an einem Ort antreffen, schon zurückgelegt haben, wohin die Fortsetzung der Reise sie führt, wie groß die Tagesleistungen der ziehenden Vögel sind, ob die Zugvögel immer dieselbe Winterherberge aufsuchen und ob sie regelmäßig in die alte Heimat zurückkehren, oder ob nach der Reise auch Ansiedlungen auf fremdem Gebiet stattfinden. Diese wichtigen Fragen des Vogelzuges lassen sich nur in den seltensten Fällen durch reine Beobachtung beantworten, in der Regel bleiben sie ungeklärt. So machte die Vogelzugforschung, solange sie allein auf Feldbeobachtung beruhte, nur langsame Fortschritte und war am Ende des vorigen Jahrhunderts gewissermaßen zum Stillstand gekommen, da neue wichtige Aufklärungen mit Hilfe der „Aviphaenologie", d. h. der Lehre von dem Eintreffen der Zugvögel nicht mehr zu erhoffen waren.

Da entschloß man sich um die Wende des Jahrhunderts, die experimentelle Forschungsweise, die ja auf allen Gebieten der Wissenschaft so große Erfolge gezeitigt hatte, auch in dem Studium des Vogelzuges anzuwenden.

Mit Hilfe der Luftfahrt, die ich selbst im Jahre 1901 in den Dienst der Vogelzugforschung stellte, gelang es, wichtige Anhaltspunkte für die Beurteilung der Zughöhe zu gewinnen, worüber in einem späteren Kapitel bei Besprechung der Flughöhe der Zugvögel noch ausführlich berichtet werden soll.

Heute kann das Flugzeug der Vogelzugforschung hervorragende Dienste leisten. Die Vogelwarten müßten mit Flugzeugen ausgerüstet und die Leiter dieser Anstalten im Pilotendienst ausgebildet sein, damit sie jederzeit in der Lage sind, die Zugbewegungen der Vögel vom Flugzeug aus zu beobachten. Der Ornithologe folgt im Flugzeug den wandernden Vogelscharen, um den weiteren Verlauf der Zugrichtung und den Verbleib der Zugvögel festzustellen, oder er fliegt den Zugvögeln entgegen, um zu sehen, aus welcher Richtung und welcher Gegend diese herkommen und wo ihre Vereinigung zum Massenflug stattfindet. Auch die Windströmungen, die die Zugvögel auf dem Fluge benutzen, lassen sich mit Hilfe des Flugzeuges jederzeit leicht feststellen. Eine Kontrolle der Windrichtung in der Flughöhe ist aber notwendig, da häufig schon in geringen Höhenunterschieden verschiedene Windströmungen herrschen. Durch einen Aufstieg zu größeren Höhen von mehreren tausend Metern läßt sich feststellen, ob auch in hohen Luftschichten Vogelzug stattfindet. Man kann auch Zugvögel in großen Höhen über einer

Wolkenschicht aussetzen, um zu beobachten, wie sie sich verhalten, wenn sie die Erde nicht sehen können, wie ich es früher, schon lange vor Erfindung des Flugzeugs, auf Fahrten mit dem Freiballon getan habe. Die sehr interessanten und lehrreichen Beobachtungen, die ich bei diesen Versuchen machen konnte, werde ich später bei Besprechung der Flughöhe der Zugvögel schildern.

Eine gründliche Ausnutzung des Flugwesens muß heute unbedingt als eine der wichtigsten Aufgaben in der Vogelzugforschung betrachtet werden.

Ein anderes, überaus wertvolles Mittel für die Erforschung des Vogelzuges ist die Vogelberingung, die bereits glänzende Erfolge gezeitigt hat. Die experimentelle Forschungsweise der Vogelberingung gab uns über die Richtung des Zuges, die Zugwege der Vögel, die durchflogenen Tagesstrecken, die Lage der Winterherberge und die Rückkehr in die Heimat eine ganz hervorragende Aufklärung.

Die Vogelberingung ist die geniale Erfindung des dänischen Ornithologen Mortensen, der im Jahre 1899 damit begann, Stare, Störche, Enten und Seevögel mit Fußringen aus Aluminium zu kennzeichnen, um ihre Zugbewegungen zu erforschen.

Um die Meldung eines erbeuteten Ringvogels sicherzustellen, gab Mortensen den Ringen eine allgemein verständliche Anschrift. Ferner erhielt jeder Ring eine Nummer, um den gezeichneten Vogel individuell zu kennzeichnen. Über die ausgeführten Beringungen und die Erbeutung der

Abb. 2.
Beringter Sperberfuß.

Ringvögel führte Mortensen Buch und veröffentlichte die Daten in ornithologischen Zeitschriften.

Hiermit war eine neue Methode der Vogelzugforschung ins Leben gerufen. Der geniale Erfinder hatte einen sehr glücklichen Griff getan, denn dem Ringversuch, wie man dies Experiment kurz nannte, waren schon in kurzer Zeit hervorragende Erfolge beschieden, die sich dann immer mehrten, und heute ist die Vogelberingung als bestes Mittel für die Erforschung des Vogelzuges allgemein anerkannt. Das erste wissenschaftliche Institut, das die Vogelberingung in ihr Arbeitsfeld aufnahm, war die von der Deutschen Ornithologischen Gesellschaft begründete Vogelwarte Rossitten auf der Kurischen Nehrung in Ostpreußen. Die Vogelwarte Rossitten wählte für die neue Forschungsweise in erster Linie die für die Kurische Nehrung charakteristischen Vogelarten, nämlich die Lachmöwe, die auf dem Möwenbruch in Rossitten in großer Menge brütet, die Nebelkrähe, die alljährlich in gewaltigen Scharen als Zugvogel auf der Kurischen Nehrung erscheint, und den Weißen Storch, der noch sehr zahlreich in Ostpreußen lebt. Durch eine ausgiebige Beringung gelang es bald, die Zugverhältnisse dieser Vögel zu klären.

Im Jahre 1912 folgte eine große Reihe preußischer Oberförstereien einem von mir erlassenen Aufruf zur Beteiligung an der Vogelberingung. Sie erhielten von mir Ringe der Vogelwarte Rossitten und meldeten mir die ausgeführten Beringungen. Durch eine umfangreiche Beringung horstjunger Raubvögel haben sich die Oberförstereien um die Erforschung des Raubvogelzuges sehr verdient gemacht. Es ergab sich, daß unsere deutschen Raubvögel mit Vorliebe im Herbst nach Südwesten wandern und in Südfrankreich und auf der Pyrenäenhalbinsel überwintern. Rohrweihe, Kornweihe, Gabelweihe, Mäusebussard, Wespenbussard, Sperber, Fischadler und Wanderfalke wurden hier als Wintergäste festgestellt.

Dem Beispiel der Vogelwarte Rossitten folgten sehr bald auch andere wissenschaftliche Anstalten, wie die Biologische Station auf Helgoland, dem klassischen Lande der Vogelzugforschung. Auch in Bayern, Ungarn, Österreich, Schweden, Holland, der Schweiz, in Rußland, England und anderen

Ländern widmete man sich mit Eifer der Vogelberingung, für deren Ausführung sogar besondere Institute begründet wurden, wie die Schweizerische Zentralstelle für Ringversuche in Bern, die 1911 ins Leben gerufen wurde. Heute werden durch alle diese Institute alljährlich viele tausend Vögel beringt. Die Ergebnisse, die hiermit erzielt werden, werden in wissenschaftlichen Fachblättern bekanntgegeben.

Um zu sehen, welche Schlüsse und Lehren sich aus der Vogelberingung für die Fragen des Vogelzugproblems ableiten lassen, war es notwendig, das reiche Material über erbeutete Ringvögel eingehend durchzuarbeiten, zu sichten und zu ordnen, eine Arbeit, die ich selbst durchführte und deren Ergebnis ich in meiner Schrift „Die Rätsel des Vogelzuges" niedergelegt habe, die das ganze Zugproblem mit allen seinen Fragen und allen von den Ornithologen bisher aufgestellten Theorien ausführlich behandelt. Es sind hier auf Grund der Vogelberingung die Zugverhältnisse von 170 europäischen Vogelarten geschildert[1].

Wie alle Neuerungen so blieb auch die Vogelberingung nicht frei von Angriffen, an denen sich selbst Männer der Wissenschaft beteiligten, die den Wert dieser Forschungsweise nicht einsehen wollten oder mochten. Die glänzenden Erfolge, die aber die Vogelberingung in kurzer Zeit zu verzeichnen hatte, belehrte die Gegner bald eines Besseren und ließ ihre Einwände verstummen. Zu den Gegnern der Vogelberingung gehörten ferner auch die Vogelschützer, denn sie befürchteten, daß nun ein großer Vogelmord in die Welt gesetzt würde, um den Versuch möglichst erfolgreich zu gestalten. Diese Befürchtung blieb aber unbegründet. Von seiten der wissenschaftlichen Institute und Vogelwarten ist niemals zu einem Fang oder Abschuß von Vögeln aufgefordert worden in der Hoffnung, dadurch Ringvögel zu erbeuten. Das ganze Unternehmen ist vielmehr einzig und allein auf den Zufall aufgebaut, was auch von den maßgebenden Stellen immer betont wird. Wenn man in Betracht zieht, wie gering selbst bei umfangreichster Vogelberingung die An-

---

[1] Friedrich von Lucanus, Die Rätsel des Vogelzuges. Verlag Beyer & Söhne, Langensalza. 3. Auflage 1929.

zahl der beringten Vögel im Verhältnis zum Gesamtvogelbestande in der Natur ist, so muß es von vornherein geradezu töricht erscheinen, Vögel morden zu wollen, um einen Ringvogel zu erhalten. Ein solches Unternehmen hätte keinen Sinn. Hier kann nur der Zufall helfen. Ein großer Vogelmord, an den hierzulande niemand ernstlich denkt, besteht aber leider in den südlichen Ländern, wo unsere Zugvögel in Massen vernichtet werden, um dem Volke zur Nahrung zu dienen. So traurig dieser Vogelmord auch ist, so kann man es andererseits der Wissenschaft nicht verargen, wenn sie ihren Nutzen daraus zu ziehen versucht. Gerade aus den südeuropäischen Ländern und aus Afrika, der Winterherberge vieler unserer Zugvögel, haben wir zahlreiche, wertvolle Meldungen über erbeutete Ringvögel erhalten, die uns einen vortrefflichen Einblick in ihre Zugverhältnisse gegeben haben.

Wohl wußten wir früher, daß der Weiße Storch sehr zahlreich im südlichsten Afrika überwintert, aber wir konnten nicht wissen, woher diese Vögel stammten, denn man konnte ihnen ihre Heimat ja nicht ansehen. Jetzt, wo unzählige in Deutschland und in Nordeuropa nestjung beringte Störche in der englischen Kapkolonie erbeutet sind, wissen wir, daß Freund Adebar aus dem Norden seines Verbreitungsgebiets bis zum südlichsten Afrika zieht und eine Reise ausführt, die ihn fast über den halben Erdball trägt. Ebenso sind wir durch die Storchberingung über die Zugwege aufgeklärt worden und haben Dinge erfahren, von denen man früher keine Ahnung haben konnte.

Die Verfolgung, die unsere Zugvögel in den südlichen Ländern ausgesetzt sind, kommt jedenfalls dem Ringversuch zugute. Warum soll die Wissenschaft diese Tatsache nicht ausnutzen? Der Gedanke, daß die aus reiner Gewinnsucht hingemordeten Vögel doch auch wissenschaftlichen Zwecken dienen, kann ja nur erhebend wirken. Alles dies haben die Vogelschützer auch längst eingesehen, und es muß rühmend anerkannt werden, daß heute gerade diese Kreise das Werk der Vogelberingung nicht mehr verdammen, sondern im Gegenteil sogar kräftig fördern, indem man in den Vogelschutzgebieten, die auf den Inseln der Nord- und Ostsee errichtet sind, junge Vögel in großen Mengen beringt. So hat gerade der Vogelschutz verdienstvollen Anteil an der Erforschung des Vogelzuges.

Der große Wert der Vogelberingung liegt darin, daß wir jetzt nicht mehr wie früher auf Annahme und Vermutung bei der Lösung der Vogelzugfragen angewiesen sind, sondern daß wir ein positives Material erhalten; denn, wie ich in meinen „Rätseln des Vogelzuges" gesagt habe, „jeder erbeutete Ringvogel ist ein wissenschaftliches Dokument von unanfechtbarer Beweiskraft." Wenn ein in Dänemark nestjung beringter Storch im Winter in Südafrika erbeutet wird, so steht die Tatsache fest, daß der Vogel diese ungeheuer weite Reise im Herbst ausgeführt hat. Werden andere Ringstörche auf dem Zuge auf dem Balkan, in Kleinasien, Syrien und Palästina erlegt, so geht daraus hervor, daß diese Vögel ihren Flug nach Afrika nicht auf der kürzesten, über Italien und das Mittelmeer führenden Linie, sondern mit einem erheblichen Umwege über Südosten ausführten.

Auch über die zurückgelegten Tagesstrecken, über die früher recht unklare Vorstellungen und völlig irrige Ansichten herrschten, vermag uns die Vogelberingung zu unterrichten. Wenn ein Ringstorch seinen Heimatsort Geschendorf in Schleswig-Holstein am 24. August verließ und am 26. August in Michelwitz in Schlesien erbeutet wurde, so geht eben daraus hervor, daß dieser Vogel auf der Herbstreise in 3 Tagen 600 Kilometer durchflogen hat, was eine tägliche Durchschnittsleistung von rund 200 Kilometern ergibt. Wiederholen sich solche Fälle mit ungefähr denselben Zahlen, so berechtigt dies zu dem Schluß, daß der Storch auf seinem Herbstzuge täglich nicht mehr als etwa 200 Kilometer zurücklegt. Ähnliche Beispiele lassen sich auch von anderen Vogelarten anführen. Wir sehen hieraus, wie überaus wertvoll die Vogelberingung für die Erforschung des Vogelzuges ist, indem sie uns gestattet, einen bisher kaum geahnten Einblick in die Zugverhältnisse der Vögel zu tun.

Über die Ausführung der Vogelberingung läßt sich folgendes sagen. Die Ringe werden aus Aluminium angefertigt und sind daher sehr leicht. Sie beschweren den Vogel gar nicht, denn sie wiegen nicht mehr als ein Sandkörnchen oder ein Schmutzteilchen am Vogelfuß. Zur Beruhigung sei angeführt, daß Ringvögel erbeutet wurden, die ihre Ringe 8 bis 15 Jahre getragen hatten, ohne daß auch nur der geringste schädliche Einfluß zu erkennen gewesen war. Der beringte Fuß war durchaus in bester, fehlerfreier Beschaffenheit; der Vogel selbst gut genährt und völlig gesund. Das Beringen fügt also dem Vogel keinerlei Schaden zu und der Ring stört den Vogel gar nicht. Er wird in der Regel von dem Vogel gar nicht beachtet, wie ich selbst oft genug an gefangenen Vögeln, denen ich den Ring versuchsweise umlegte, beobachten konnte. Fußringe spielen ja auch in der Geflügelzucht und vor allem im Brieftaubensport eine große Rolle. Jeder Liebhaber und Züchter weiß aber, daß die Ringe den Tieren nicht im geringsten schaden oder sie auch nur irgendwie beeinträchtigen.

Abb. 3. Storchring.

Der verschiedenen Größe der Vögel entsprechend werden die Ringe in mehrfachen Größen und Weiten angefertigt. Das Anlegen erfolgt in der Weise, daß der halbgeöffnete Ring oberhalb der Zehen um den Fuß gelegt wird. Dann wird der leicht biegsame Ring mit der Hand zusammengedrückt, bis die Enden sich berühren. Die größeren Ringe, die für stärkere Vögel bestimmt sind, haben einen besonderen Verschluß. Dieser besteht aus einem Zapfen, der in ein am anderen Ende des Ringes befindliches, rechtwinkliges Verschlußstück eingreift. Bei dem Zusammenbiegen des Ringes wird der Zapfen in das Verschlußstück eingelagert. Dann wird der Verschluß mit einer Flachdrahtzange zusammengedrückt.

Die Vogelwarte der biologischen Anstalt auf Helgoland hat eine sehr erfolgreiche Fangeinrichtung angelegt. Diese besteht in einem Fanggarten, der mit dichtem Buschwerk ausgestattet ist, das die auf der kahlen Felseninsel rastenden Vögel anlockt. Sie fallen hier ein, um Deckung und Nahrung zu suchen. Die Vögel werden dann durch reusenartig aufgestellte Netze in einen Fangkäfig getrieben. Auf diese Weise werden an guten Zugtagen viele hundert Vögel eingefangen, die dann sofort beringt und der Freiheit wieder übergeben werden.

Mehrfach hat sich derselbe Vogel in späterer Zeit wieder gefangen, wodurch der hochinteressante Nachweis erbracht wurde, daß dieser Zugvogel in verschiedenen Zugperioden denselben Weg eingeschlagen hatte. Auch hier zeigt sich wieder die große Bedeutung der Vogelberingung, denn auf andere Weise ist es kaum möglich, hierüber Kenntnis zu erhalten.

Eine zweite nicht minder wertvolle Anwendung des Beringens ist das Zeichnen junger Nestvögel. Dies hat den Vorteil, daß man die Heimat des Vogels kennt, was für die Beurteilung des Zugweges und der Lage der Winterherberge sehr bedeutungsvoll ist. Hierdurch können wir z. B. erfahren, ob die Vögel aus derselben, enger begrenzten Heimat alle dieselbe Richtung auf dem Herbstzuge einschlagen, oder ob die Zugrichtung artlich und individuell wechseln kann.

Junge Nesthocker beringt man am besten zu der Zeit, wenn die Federn etwa zur Hälfte aus den Blutkielen herausragen, also noch bevor sie fliegen können. Manche Jungvögel, besonders Drosseln, sind sehr schreckhaft und springen schon, bevor sie flügge sind, aus dem Nest heraus, wenn sie gestört werden. Man muß also beim Beringen sehr vorsichtig zu Werke gehen. Ferner muß man sich hüten, die kleinen, zarten Geschöpfe zu fest anzufassen. Man darf sie nicht drücken, andererseits muß man sie beim Umlegen des Ringes so festhalten, daß sie ruhig in der Hand liegen. Die Sache erfordert also viel Geschick und setzt eine gewisse Sachkenntnis voraus. Der Ring muß natürlich weit genug sein, damit er später dem erwachsenen Vogel paßt und nicht drückt. Er muß sich leicht über dem Fuße bewegen können. In dem obenerwähnten Alter sind Nesthocker schon so weit herangewachsen, daß der Umfang der Beine keine wesentliche

Veränderung mehr erfährt. Anders vollzieht sich die Entwicklung der Nestflüchter, die langsamer heranwachsen. Sie dürfen erst die Ringe erhalten, wenn sie schon vollständig befiedert sind und etwa zwei Drittel der erwachsenen Körpergröße erreicht haben.

Eine Gefahr, daß durch das Beringen der Nestvögel die Vogeleltern verscheucht werden und diese ihre Kinder nun im Stich lassen, besteht nicht. So empfindlich viele Vögel während der Brutzeit gegen Störungen am Nest sind, so wenig ist dies der Fall, wenn die Jungen ausgeschlüpft sind. Dann tritt das Recht der Elternliebe voll und ganz in Erscheinung, die gerade bei den Vögeln sehr ausgeprägt ist. Sie lassen ihre Jungen nicht im Stich. Es ist eigentümlich, daß man gerade einen Vogel, den Raben, als Sinnbild pflichtvergessener Eltern gewählt hat, und Eltern, die ihre Kinder vernachlässigen, als Rabeneltern brandmarkt. Gerade die Raben zeichnen sich durch eine große Liebe zu ihren Jungen aus. Selbst wenn die Jungen lange flügge sind, bleiben diese noch bei den Eltern, die sie betreuen, ihnen den Kampf ums Dasein erleichtern und sie mit den Lebensbedingungen vertraut machen. Beim Kolkraben währt dies innige Familienleben bis zur Brutzeit des folgenden Jahres, also fast ein Jahr lang. Die Bezeichnung „Rabeneltern" ist daher recht schlecht gewählt und zeigt, wie wenig Verständnis das Volk, das solche Worte prägt, für das Tierleben und die Tierseele hat.

An der Vogelberingung kann sich auch der Laie beteiligen, wenn er die gegebenen Winke sorgfältig beachtet. Er nützt damit der Wissenschaft und bereitet zugleich sich selbst manchen Genuß und viel Freude durch Beobachtung des Vogellebens. Die Ringe können jederzeit von den Vogelwarten Helgoland und Rossitten bezogen werden. Die Verwendung der Ringe, über die genau Buch zu führen ist, muß der betreffenden Anstalt, von der die Ringe bezogen wurden, mitgeteilt werden, damit eine Kontrolle der Ringvögel möglich ist.

Über die Ergebnisse der Vogelberingung, die uns über die Zugwege der Vögel, ihre Flugleistungen, die Heimkehr und andere biologische Erscheinungen sehr wertvolle Aufklärung gegeben hat, soll in den folgenden Abschnitten des Buches noch mehrfach berichtet werden.

III. Die Entstehung des Vogelzuges und seine heutigen Ursachen.

Welche Ursachen schufen das wunderbare und rätselhafte Phänomen des Vogelzuges? Was treibt den Zugvogel dazu, alljährlich weite Flüge zu unternehmen, die über Weltmeere und Erdteile führen?

Solange ein Geschöpf an seinem Aufenthaltsort alle Lebensbedingungen vorfindet, hat es keine Veranlassung, diesen zu verlassen. Nach dem Gesetz der Trägheit, das für die organische Welt ebensogut gilt wie für die anorganische, beharrt das Tier in seinem Raum. Dies ändert sich aber sofort, sobald wichtige Lebensbedingungen genommen werden, vor allem, wenn eine Hungersnot fühlbar wird.

Wirtschaftliche Not, d. h. Nahrungsmangel, war es, die die Völkerwanderungen verursachte, und derselbe Grund zwingt heute die Völker zur Kolonialpolitik und den einzelnen Menschen zur Auswanderung. Sobald Nöte auftreten, wird Bewegung erzeugt. Hierfür lassen sich auch aus dem Tierleben zahlreiche Beispiele anführen. Ratten und andere Nager werden vom Wandertrieb erfaßt, wenn durch eine allzu starke Vermehrung eine Übervölkerung und damit ein Nahrungsmangel sich bemerkbar macht. Die Rentiere treibt der harte Winter ihrer nordischen Heimat auf die Wanderschaft, um geschütztere Gebiete aufzusuchen. Die Scharen der gefräßigen Wanderheuschrecke, die nach ihrem unsteten Leben den Namen erhielt, durchstreifen unablässig das Land, um sich dauernd neue Nahrungsquellen zu erschließen. Wir dürfen daher annehmen, daß ähnliche Gründe auch bei den Vögeln die Wanderlust erzeugten.

Die heutige Tierwelt ist im wesentlichen eine Schöpfung der Tertiärzeit, in der ein warmes, tropenartiges Klima bis zum hohen Norden hinauf herrschte. Ebenso wie heute in der warmen Zone litten die Vögel damals auch in den nördlichen Breiten keine Not, sondern fanden während des ganzen Jahres den Tisch reichlich gedeckt. Dies aber änderte sich, als um die Wende des Tertiär die Eiszeit mit ihrem kalten Klima hereinbrach und einen Wechsel der Jahreszeiten verursachte.

Waren die Sommermonate der Eiszeit für viele Vögel noch erträglich, so schnitt doch der harte Winter, in dem die Natur in Eis und Schnee starrte, den Vögeln alle Lebensbedingungen ab, und der fühlbare Hunger trieb sie dazu, sich auf die Wanderschaft zu begeben, um mildere Gegenden, die von der Vereisung frei blieben, aufzusuchen. Viele Vögel mögen damals auf der Suche nach geeigneten Winterstätten zugrunde gegangen sein, vielen aber brachte der Wanderflug die ersehnte Rettung, indem er sie nach südlichen, eisfreien Gebieten führte. Im Frühjahr kehrten dann die Vögel in die alte Heimat zurück, um hier zu brüten und dann im Herbst mit dem Einsetzen der rauhen Jahreszeit abermals nach Süden zu ziehen in jene Gegend, die schon einmal rettende Unterkunft gewährt hatte. Dies wiederholte sich alljährlich und wurde schließlich im Laufe der Jahrtausende zu einer erblichen Eigenschaft.

Andere Vögel mögen unter dem Druck der Eiszeit überhaupt ausgewandert sein, um sich in südlichen Gegenden, die von dem kalten Klima verschont blieben, neu anzusiedeln. Später, mit dem Rückgang der Eiszeit, haben sie sich wieder allmählich nach Norden ausgebreitet, wozu vielleicht eine Übervölkerung im Süden die Veranlassung gab. Je weiter die Vögel nach Norden vordrangen, je mehr kamen sie in die Zone, in der sich der rauhe Winter unheilvoll bemerkbar machte und sie zwang, vorübergehend wieder die frühere Heimat, den frostfreien Süden, aufzusuchen. Aber auch in diesem Falle ist der unter dem Druck der Eiszeit entstandene Wechsel der Jahreszeiten die unmittelbare Ursache zur Wanderung. In beiden Fällen, d. h. sowohl bei den Vögeln, die die Eiszeit überdauerten, wie bei den Vögeln, die erst später nach dem Rückgang der Eiszeit in nördliche Gebiete vordrangen, war der erste Wanderflug eine Herbstreise, eine Wanderung ins Winterquartier, und darum müssen wir auch bei der Lösung des Problems des Vogelzuges von dem Herbstzug ausgehen. Die Veranlassung zur Wanderung war also das Einsetzen des Winters mit den Folgen eines rauhen Klimas und einer Hungersnot.

Was veranlaßte die Vögel, nachdem sie vor einem unwirtlichen Klima geflohen waren, zur Rückkehr in das ungastliche Land? Warum blieben sie nicht im sonnigen Süden, der ihnen während des ganzen Jahres reichlich den Tisch deckte?

Auf diese wohl berechtigte Frage gibt es nach dem heutigen Stande der Wissenschaft nur die eine Erklärung, daß der wohl allen Geschöpfen und auch den Vögeln angeborene Heimatstrieb die Vögel veranlaßt, zur Fortpflanzung in die Heimat zurückzukehren. Sie halten Hochzeit, wo einst ihre Wiege stand. Dies ist offenbar ein Naturtrieb von großer, allgemeiner Bedeutung. Die Erforschung der Lebensgewohnheiten der Fische hat nachgewiesen, daß die Lachse zum Laichen regelmäßig das Flußgebiet aufsuchen, in dem sie das Licht der Welt erblickt haben. Diese Sehnsucht nach der Heimat geht sogar so weit, daß sich die Fische nicht damit begnügen, in das allgemeine Stromgebiet des Geburtsortes zurückzukehren, sondern jeder Lachs strebt nach dem engeren Heimatsort. Es wandern also beispielsweise die Lachse aus der Mosel zum Laichgeschäft wieder in diesen Fluß und nicht in einen anderen Nebenfluß des Rheins, und die Fische aus der Aar suchen diesen Fluß auf. Dieser Heimatssinn ist auch bei den Vögeln auffallend stark entwickelt. Man hat dies schon in früherer Zeit vermutet, aber man konnte doch nur wenige, vereinzelte Fälle hierfür anführen, die kaum genügten, um daraus ein allgemeingültiges Naturgesetz herzuleiten. Auch hier hat sich wieder die Vogelberingung ganz hervorragend bewährt. In zahlreichen Fällen konnte nachgewiesen werden, daß Vögel, wie Möwen, Seeschwalben, Kormorane, Säger, Enten, Gänse, Regenpfeifer, schnepfenartige Vögel, Wasserhuhn, Reiher, Tauben, Raubvögel und sehr viele Singvögel, also eine große Reihe von Vögeln der verschiedensten Ordnungen, später dort brüteten, wo sie nestjung beringt waren. Hiervon einige Beispiele: In mehr als 100 Fällen wurde die Rückkehr nestjung beringter Störche nach dem Geburtsort festgestellt. Unter ihnen befanden sich Vögel bis zu einem Alter von 11 Jahren. Dasselbe gilt auch von der Lachmöwe und den Seeschwalben. Ein Seeregenpfeifer brütete 3 Jahre nach seiner Beringung in seiner Heimat. Eine in Dänemark beringte Waldschnepfe weilte als 6jähriger Vogel zur Brutzeit am Beringungsort. 5 und 8jährige Fischreiher brüteten in ihren Stammkolonien. Eine in Ungarn als Nestling beringte Rohrweihe horstete nach 3 Jahren in geringer Entfernung vom Beringungsort. Dieselbe Beobachtung wurde an einem 6jährigen Schwarzen Milan und einem 4jährigen Wanderfalken gemacht. Zahlreiche nestjung beringte Stare weilten nach 3, 4 und 5 Jahren als Brutvögel in ihrer Heimat. Eine im Weltkriege an der Westfront bei Malancourt Ende April beringte alte Mönchsgrasmücke stellte sich hier im folgenden Frühjahr wieder ein. Der Vogel hatte sich nicht einmal durch den Kriegslärm von der Rückkehr in die Heimat abhalten lassen. Singdrosseln brüteten nach 2 und 3 Jahren in der Nähe ihres elterlichen Nestes. Sehr heimatstreu sind die Schwalben und Segler. Sie kehren regelmäßig nicht nur in die Heimat zurück, sondern suchen mit Vorliebe immer wieder dasselbe Gebäude als Brutstätte auf und benutzen jahrelang dasselbe Nest. Dies sind nur einige wenige Beispiele von der Rückkehr der Zugvögel in die Heimat, d. h. zu ihrem Geburtsort. Die Heimatstreue der Zugvögel scheint also ein Naturgesetz zu sein von allgemeiner Bedeutung. In der Fremde brüten unsere Zugvögel nicht; wenigstens konnte bisher noch nicht nachgewiesen werden, daß ein Zugvogel in der Winterherberge zur Fortpflanzung schritt.

Das Verbreitungsgebiet mancher unserer Zugvögel erstreckt sich weit nach Süden. So ist der Storch in Marokko und Tunesien ein zahlreicher Brutvogel. Aber diese afrikanischen Störche bilden eine eigene Storchgemeinschaft. Unsere Störche vermischen sich nicht mit ihnen, sondern kehren zum Brüten immer wieder nach Europa zurück. Noch niemals wurde ein in Europa beringter Storch als Brutvogel in einer afrikanischen Storchkolonie aufgefunden. Dies ist ein untrüglicher Beweis dafür, daß keine Vermischung der europäischen Störche mit den Afrikanern stattfindet, denn bei der großen Menge beringter Störche, die nach vielen Tausenden zählen, müßte ein solcher Fall, wenn er überhaupt vorkommt, schon festgestellt sein, zumal der breite, silberglänzende Aluminiumring an dem Bein des Storches aus ziemlich weiter Entfernung erkennbar ist.

Alle diese Erscheinungen sprechen dafür, daß die Zugvögel zur Brutzeit immer wieder in die Heimat zurückkehren.

Nur dadurch, daß auf den Fortzug im Herbst eine Rückkehr im Frühjahr erfolgte, konnte überhaupt der Vogelzug, wie er heute in Erscheinung tritt, ins Leben gerufen werden. Wäre die Rückkehr unterblieben, so wäre in der Eiszeitperiode nur eine allgemeine Auswanderung der Vögel erfolgt, es hätte aber nicht die Gewohnheit des Zuges, worunter wir Fortzug und Heimkehr verstehen, entstehen können.

Es fragt sich nun, ob Temperaturabnahme und Nahrungsmangel, die einst die Wanderungen der Zugvögel ins Leben riefen, auch heute noch die Ursachen sind, die den Aufbruch der Zugvögel veranlassen. Für eine Reihe von Vogelarten trifft dies zweifellos zu, denn Hakengimpel und Seidenschwanz (Abb. 4), nordische Enten, Seetaucher, Schneegans, Schneeeule, Gierfalke, Grönländischer Jagdfalke und andere Bewohner des hohen Nordens wandern erst dann südwärts, wenn der Beginn des Winters den Aufenthalt in der nördlich kalten Zone zu ungemütlich macht. Sie dehnen aber ihre Reisen nicht allzu weit aus und begnügen sich damit, eisfreie Gebiete oder Gegenden, wo der Winter weniger scharf ist, aufzusuchen. Ganz anders verhalten sich aber die eigentlichen Zugvögel, die regelmäßig weite Reisen ausführen und entfernte Winterquartiere mit tropischem Klima aufsuchen. Sie brechen zum Teil schon im Hochsommer auf zu einer Zeit, wo von einer Temperaturabnahme oder Nahrungsmangel noch keine Rede ist und die Vorboten des Winters sich noch nicht fühlbar machen. Schon Anfang August verläßt uns der Turmsegler, um sich auf die weite Reise nach dem tropischen Afrika zu begeben. Der Storch und viele andere Vögel treten auch

Abb. 4. Seidenschwänze als unsere Wintergäste.

schon im August die Reise nach der Winterherberge an, also zu einer Zeit, wo es häufig noch recht heiß in unseren Breiten ist und die Nahrung noch nicht knapp wird. Äußere Einflüsse können es also nicht sein, die diese Vögel dazu treiben, ihre Heimat zu verlassen und südlichen Gegenden zuzustreben, sondern der Reiz zum Wandern muß vielmehr vom Vogel selbst ausgehen. Wir nennen diesen Reiz den Zugtrieb. Die Wanderungen, die die ersten Zugvögel unter dem Druck der Eiszeit begannen, haben im Laufe der Jahrtausende infolge ihrer regelmäßigen Wiederholung eine periodisch auftretende Wanderlust erzeugt, die sich als erbliche Veranlagung im Vogel verankerte. Alljährlich zu bestimmter Zeit, die bei vielen Vögeln schon in den Hochsommer fällt, bei anderen Arten erst im Herbst einsetzt, erwacht im Zugvogel ein Trieb, der sich in starker Unruhe auswirkt und den Wanderflug auslöst. Dasselbe erfolgt im Frühjahr. Wieder setzt automatisch der Zugtrieb ein und bewegt den Vogel, die Winterherberge zu verlassen und in die Heimat zurückzukehren.

Den besten Beweis, daß dieser Zugtrieb in der Vogelseele selbständig erwacht, ohne daß äußere Einflüsse notwendig sind, gibt das Verhalten des Zugvogels in der Gefangenschaft. Die gekäfigte Nachtigall oder Grasmücke, der Würger und jeder andere Zugvogel in Gefangenschaft wird in den Zeiten, wo die Artgenossen ihre Reisen nach dem Winterquartier, oder umgekehrt die Rückkehr in die Heimat ausführen, von einer gewaltigen Unruhe befallen. Rastlos flattert und tobt der Gefangene im Käfig umher und zerstößt sich dabei häufig das Gefieder fast bis zur Unkenntlichkeit. Diese periodische Unruhe in den Zugzeiten ist ja das Schmerzenskind der Vogelliebhaber, die dann alle möglichen Mittel ersinnen, um die schädlichen Folgen abzuwenden. So setzt man die Vögel zur Nacht, wo sich der Zugtrieb meist am stärksten auswirkt, in ein aus Stoff gefertigtes Verlies, an dessen weichen Wänden der Vogel sich nicht beschädigen kann, oder man verdunkelt den Käfig völlig, so daß weder das Mondlicht, noch der Schein der Beleuchtung hineinfallen, denn Licht begünstigt den Zugtrieb, während völlige Dunkelheit beruhigend wirkt. Ebenso wie die Insekten, die zur

Abb. 5. Nachtreiher.

Nachtzeit schwärmen, vom Licht angezogen werden und sich an Beleuchtungskörpern sammeln, so übt auch auf die Zugvögel bei ihren nächtlichen Wanderungen der Lichtschein eine große Anziehungskraft aus, wofür ihr massenweises Erscheinen an den Leuchttürmen das beste Zeugnis ablegt.

Das Toben des Zugvogels im Käfig beweist mit Sicherheit, daß es sich bei dieser Unruhe um einen im Vogel erwachenden Trieb handeln muß, dem dieser ganz automatisch gehorcht, denn selbst bei jahrelanger Gefangenschaft ändert sich dies nicht. Die Unruhe wiederholt sich regelmäßig in allen Zugperioden, ohne daß der Gefangene die Zwecklosigkeit seines Verhaltens erkennt, denn er kann sich dem Zwange der Gefangenschaft ja doch nicht entziehen, und der Aufenthalt im warmen, geschützten Zimmer sowie die reichliche Versorgung mit Nahrung durch seinen Pfleger machen ja das Aufsuchen einer Winterherberge überflüssig. Alles dies beweist untrüglich, daß es nicht äußere Gründe sind, die den Zugvogel auf die Wanderschaft treiben, sondern daß er einem allgewaltigen Triebe folgt, der ihn völlig beherrscht und von ihm nicht willkürlich unterdrückt oder abgeändert werden kann. Der Zugvogel zieht, weil er ziehen muß!

Wie ungeheuer stark der Zugtrieb ist, geht auch daraus hervor, daß während des Zuges alle anderen natürlichen Triebe gehemmt werden. Auf der Kurischen Nehrung habe ich oft genug beobachten können, wie Wanderfalke und Sperber in unmittelbarer Nähe von Drosseln, Staren, Finken oder anderen Kleinvögeln dahinzogen, ohne daß sie irgendwelche Raubgelüste zeigten, und daß auch alle diese Kleinvögel die sonst so gefürchteten Räuber gar nicht beachteten, sondern unbekümmert um deren Nähe ihre Luftreise fortsetzten, ohne auch nur im geringsten die Flugrichtung zu ändern. Während des Wanderfluges steht der Zugvogel ganz im Banne des allgewaltigen Zugtriebes, der ihn völlig beherrscht und alle anderen Sinne und Gefühle geradezu ausschaltet.

So ungeheuer stark dieser erbliche Zugtrieb auch ist, so unterliegt er doch manchen Abänderungen, ja, er kann sogar ganz verlorengehen. Innerhalb derselben Vogelart tritt der

Zugtrieb bei den einzelnen Individuen verschieden stark auf, was zur Folge hat, daß die Herbstreise bald abgekürzt, bald weit ausgedehnt wird. Hierfür hat uns die Vogelberingung sehr lehrreiche Beispiele gegeben. So überwintern z. B. von den ungarischen Nachtreihern (Abb. 5) viele Vögel in Italien, während andere ihren Zug bis in das Innere Afrikas, nach Nigerien, fortsetzen. Die Lachmöwen (Abb. 6) aus der Möwenkolonie auf der Kurischen Nehrung überwintern teils schon im europäischen Binnenlande, teils ziehen sie bis zum Gebiet des Mittelmeeres. Viele Möwen schlagen eine westliche Zugrichtung ein und verbringen den Winter an den Küsten Frankreichs. Einzelne Möwen setzen sogar den westlichen Flug über den Atlantischen Ozean bis nach Amerika fort, wo schon zwei auf der Kurischen Nehrung beringte Vögel erbeutet wurden. Ein anderes lehrreiches Beispiel für die individuelle Verschiedenheit des Zugtriebes geben zwei in Böhmen beringte Bekassinen, Mutter und Kind. Die alte Bekassine überwinterte in Süditalien, die junge dagegen in Oberitalien. Bei diesen ganz nah verwandten Vögeln wirkte sich der Zugtrieb in ganz verschiedener Weise aus. Während er bei der alten Bekassine sehr stark und anhaltend auftrat, war er bei dem jungen Vogel nur von kürzerer Dauer.

Eine verschiedene Stärke des Zugtriebes ist nicht nur eine individuelle Veranlagung, sondern auch das Alter und das Geschlecht der Vögel kann dabei eine Rolle spielen. Bei unserem Buchfinken besitzen die Weibchen, die regelmäßig im Herbst fortziehen, einen sehr regen Zugtrieb, während dieser bei den Männchen, die meist in der Heimat überwintern, fast oder sogar ganz verlorengegangen ist. Linné gab daher dem Buchfinken den lateinischen Artnamen „*coelebs*", d. h. der „Unbeweibte", weil das Männchen im Winter getrennt vom Weibchen im Zölibat lebt.

Die schon von den älteren Ornithologen ausgesprochene Vermutung, daß bei vielen Vogelarten die Jungen den Zug eröffnen und die Alten erst später folgen, hat die Vogelberingung als durchaus zutreffend erwiesen. So begeben sich z. B. die jungen Lachmöwen, Sichler, Fischreiher, Purpurreiher, Nachtreiher, Schopfreiher und Stare bedeutend früher auf die Reise als ihre Eltern. Die jungen Stare verlassen sogar meist unmittelbar nach dem Flüggewerden ihre Heimat, um der Winterherberge zuzustreben. Ein am 2. Juni in Livland als Nestling beringter Star befand sich bereits am 16. Juli in Schleswig-Holstein, und andere im Mai und Anfang Juni in Norddeutschland beringte Jungstare waren schon in den ersten Tagen des Juli in Holland. In Anbetracht der großen Entfernung, die diese Vögel zurückgelegt hatten, läßt sich mit Sicherheit annehmen, daß es sich nicht um ein planloses Umherstreichen handelt, sondern um eine regelrechte Zugbewegung. Hierfür spricht auch die von allen diesen Jungstaren eingeschlagene westliche Flugrichtung, die gerade für den Herbstzug des Stares typisch ist, wie aus dem Zuge zahlreicher beringter Stare hervorgeht. Wie wir schon sahen, weist auch Gätke in seiner „Vogelwarte Helgoland" auf den frühzeitigen Fortzug der Jungstare hin, die bereits Ende Juni als Zugvögel auf Helgoland in Massen erscheinen.

Der frühe Fortzug der Jungstare ist zugleich wieder ein Beweis dafür, daß nicht äußere Ursachen, wie Temperaturabnahme und Nahrungsmangel, es sind, die die Zugbewegung auslösen, sondern der im Vogelkörper erwachende Zugtrieb. Auch an Jungstaren, die ich aus der Nisthöhle nahm und mit der Hand aufzog, konnte ich dies beobachten. Sobald die Vögel allein fressen konnten, machte sich bei ihnen trotz ihrer Zahmheit eine gewaltige Unruhe bemerkbar. Sie tobten sowohl am Tage wie in der Nacht heftig im Käfig umher, und ein Lichtschein in der Nacht konnte die Vögel geradezu zur Raserei bringen. Diese Unruhe gefangener Jungstare, die meist bis in den Herbst hinein anhält, ist die Auswirkung des automatisch erwachenden Zugtriebes, der bei den jungen Staren schon bald nach dem Ausfliegen einsetzt.

Der Star ist bei uns in Deutschland nicht ausschließlich Zugvogel, sondern auch Standvogel. Seit ungefähr drei Jahrzehnten überwintern regelmäßig viele Stare bei uns. Auch andere Vogelarten sind sowohl Zug- wie Standvögel. Dies gilt z. B. von der Waldschnepfe, die besonders in Gegenden mit mildem Klima, wie in England, dazu neigt, in der Heimat zu überwintern. Eine ausgiebige Schnepfenberingung in Eng-

Abb. 6. Lachmöwe.

land ergab, daß die meisten Vögel im Herbst nicht fortziehen, sondern als Standvögel auch im Winter auf dem Inselreich verbleiben und nur wenige im Herbst südwärts wandern, um in Südfrankreich, Spanien oder Nordafrika Winterherberge zu nehmen. Auch der Bluthänfling ist sowohl Standvogel wie Zugvogel in derselben Gegend. Man kann bei uns in Deutschland den Hänfling regelmäßig im Winter antreffen. Andererseits konnte durch die Vogelberingung nachgewiesen werden, daß ein in der Mark Brandenburg beheimateter Hänfling in Südfrankreich überwinterte. Die Erscheinung, daß Vögel derselben Art in dem gleichen Verbreitungsgebiet sowohl Standvögel wie Zugvögel sind, läßt sich durch eine individuell verschiedene Veranlagung des Zugtriebes erklären. Einige Vögel haben den Zugtrieb verloren, bei anderen dagegen hat er sich noch erhalten.

Der Vogelberingung verdanken wir ferner den beachtenswerten Nachweis, daß bei der Amsel und den Meisen nur die jungen Vögel im ersten Lebensjahre sich auf die Wanderschaft begeben, während, wenigstens in unseren Breiten, die alten Vögel Standvögel oder Strichvögel sind. Das vorübergehende Auftreten eines Zugtriebes bei jungen Vögeln im Gegensatz zu den alten Vögeln deutet daraufhin, daß diese Vogelarten früher Zugvögel gewesen sind, und daß der Zugtrieb bei den Jungen als Erbstück aus alter Zeit noch einmal atavistisch aufflackert, um dann später wieder zu erlöschen. Für die Amsel trifft diese Erklärung jedenfalls zu, denn sie war noch vor einem halben Jahrhundert bei uns ein ausgesprochener Zugvogel und hat sich später gleichzeitig mit ihrer Einwanderung in die Gärten und Parkanlagen erst allmählich zum Standvogel umgebildet. Die Wanderlust der jungen Meisen darf man vielleicht auf dieselbe Ursache zurückführen.

Bei den Wanderungen der Vögel spielt der Zugtrieb eine bedeutende, man kann wohl sagen, die entscheidende Rolle. Er ist es, der den Vogel zum Aufbruch veranlaßt und ihn auf die weite Reise treibt. Er äußert sich nach dem Alter und Geschlecht der Vögel, sowie individuell in ganz verschiedener Art, indem er bald früher, bald später einsetzt, stärker oder schwächer auftritt oder sogar fehlt. Ferner wirkt sich der Zugtrieb bei den einzelnen Vogelarten in ganz verschiedener Weise aus. Bei manchen Arten, wie Segler, Pirol und Storch, erwacht der Trieb zur Herbstwanderung sehr frühzeitig, schon im Hochsommer, während andere Vögel, wie Rotkehlchen, Drosseln, Waldschnepfe, Schwimm- und Raubvögel erst im September oder Oktober vom Zugtrieb ergriffen werden. Wir dürfen also die verschiedenen Zugzeiten der Vogelarten ebenfalls mit dem früher oder später erwachenden Zugtrieb in Zusammenhang bringen.

Wenn wir von einem Trieb sprechen, so muß ein Reiz vorhanden sein, der diesen Trieb auslöst, und dieser Reiz muß seine Ursache in der Organisation des Körpers haben, wie es z. B. beim Fortpflanzungstrieb der Fall ist, der durch die Tätigkeit der Keimdrüsen veranlaßt wird. Stellen die Keimdrüsen ihre Funktion ein, so hört der Fortpflanzungstrieb auf. Dieser Vorgang wiederholt sich bei all' denen Geschöpfen, deren Fortpflanzung an eine bestimmte Jahreszeit geknüpft ist, was auch auf die meisten Vögel zutrifft. Dasselbe gilt auch vom Zugtrieb. Ebenso wie der Bruttrieb tritt auch der Zugtrieb nur periodisch auf. Es müssen also physiologische Veränderungen im Vogelkörper vor sich gehen, die den Trieb hervorrufen. Mit dieser wissenschaftlich sehr interessanten Frage hat man sich in neuerer Zeit eingehend beschäftigt. Die Erklärungen, die man hierfür zu finden suchte, sind zunächst freilich nur rein theoretische Erwägungen und Vermutungen, denen eine Beweisführung vorläufig noch fehlt. So meint man, daß der Zugtrieb durch eine von einem besonderen Organ erzeugte Ausscheidung in die Wege geleitet wird, und stellt der Physiologie die Aufgabe, dies den Zugtrieb vermittelnde Organ im Vogelkörper aufzusuchen. Nach einer anderen Auffassung ist es nicht ein bestimmtes Organ, das den Reiz zum Wandern hervorruft, sondern wird dieser durch eine periodisch im Vogelkörper sich wiederholende und von selbst ablaufende Veränderung des physiologischen Gesamtzustandes erweckt, der auf zu bestimmter Zeit einsetzenden Vorgängen des Gesamtstoffwechsels beruht. Diese in regelmäßigen Zeitabständen auftretenden physiologischen Veränderungen, die den Zugtrieb zur Folge haben, lassen sich mit dem Blattabwurf der Laubgewächse im Herbst vergleichen, der auch ursprünglich durch äußere Witterungseinflüsse hervorgerufen wurde, aber jetzt eine angeborene Eigenschaft ist und sich daher auch ohne die Einwirkung besonderer Umweltsfaktoren vollzieht, denn auch in warmen Gewächshäusern findet der Blattabwurf genau so wie im Freien statt. Heute sind Blattabwurf und Vogelzug die Auswirkungen eines innerhalb des Jahres im Organismus schwingenden Rhythmus, der unabhängig von äußeren Einflüssen abläuft.

Von den beiden Theorien dürfte die letztgenannte Auffassung vielleicht den Vorzug verdienen. Die angeschnittene Frage ist jedenfalls außerordentlich beachtenswert, und ihre Erklärungen verdienen weitere, eingehende Untersuchung. Hierdurch eröffnen sich für die Lösung des Zugproblems mit seinen vielen rätselhaften Fragen neue Ein- und Ausblicke.

IV. Richtungen des Zuges und Lage der Winterherberge.

Die Winterherberge der deutschen Zugvögel liegt im westlichen Europa, in den Mittelmeerländern und in Afrika, wo viele Arten sogar den Äquator überfliegen und bis zum Kapland vordringen. Im äquatorialen und südlichen Afrika überwintern: Grauer Fliegenfänger, Neuntöter, Pirol, Fitislaubsänger, Rohrsänger, Gartengrasmücke, Rauch- und Mehlschwalbe, Segler, Ziegenmelker, Blauracke, Kuckuck, Baumfalke, Rötelfalke, Rohrweihe, Steppenweihe, Wiesenweihe, Wespenbussard, Weißer Storch, Schwarzstorch, Seeregenpfeifer, Kampfläufer, Seeschwalben. Im tropischen Afrika nehmen Winterherberge: Trauerfliegenfänger, Waldlaubsänger, Gartensänger, Mönchsgrasmücke, Steinschmätzer, Wiesenschmätzer, Nachtigall, Sprosser, Wiedehopf, Flußregenpfeifer, Schwarzer Milan, Purpurreiher, Seidenreiher. Wintergäste im tropischen Afrika und nordwärts bis zum Gebiet des Mittelmeeres sind: Baumpieper, Wiesenpieper, Bachstelze, Schafstelze, Garten- und Hausrotschwanz, Kornweihe, Abendfalke, Nachtreiher, Schopfreiher, Kranich, Seeschwalben, Wachtel. In den Mittelmeerländern verbringen den Winter: Girlitz, Feld- und Heidelerche, Weidenlaubsänger, Heuschreckensänger, Zaungrasmücke, Sperbergrasmücke, die Drosseln, Blaukehlchen, Rotkehlchen, Sumpfohreule, Merlinfalke, Schreiadler, Roter Milan, Rohrdommel, Grau- und Saatgans, Goldregenpfeifer. Im Mittelmeergebiet und nordwärts bis nach Mitteldeutschland und in Westeuropa überwintern: Lachmöwe, Fischreiher, Kiebitz, Star, Waldschnepfe und viele Raubvögel, wie Turmfalke, Mäusebussard, Sperber, Weihen und Wanderfalke. Nach den Ereignissen der Vogelberingung bevorzugen unsere einheimischen Raubvögel, soweit sie Zugvögel sind, Südfrankreich und die Pyrenäenhalbinsel als Winterherberge.

Die Liste der Zugvögel ist hiermit noch keineswegs erschöpft. Die genannten Arten sollen nur einen ungefähren Überblick geben über die Verteilung unserer heimischen Zugvögel in der Winterherberge.

Die Winterherberge bildet natürlich kein scharf umgrenztes Gebiet, sondern es kommen häufig auch Ausnahmen vor, indem die Zugvögel die Grenzen der oben aufgeführten Gebiete überschreiten. So ziehen einzelne Schwarze Milane über das tropische Afrika hinaus und überwintern im südlichen Afrika. Dasselbe gilt beispielsweise vom Baumpieper und der Schafstelze. Bachstelze, Feld- und Heidelerche ziehen nicht immer bis zum Mittelmeergebiet, sondern überwintern bisweilen schon im mittleren Europa. Ähnliche Beispiele lassen sich auch von den anderen Vogelarten anführen. Abgesehen von diesen Grenzüberschreitungen hat doch jede Vogelart ein gewisses Gebiet, in dem die Masse der Vögel überwintert, und über diese Gebiete soll die oben angeführte Verteilung der Winterquartiere einen Überblick geben. Aus ihr geht hervor, daß die Winterherberge der einzelnen Vogelarten im allgemeinen eine sehr große Ausdehnung hat, die z. B. vom äquatorialen Afrika bis zur Südspitze Afrikas reichen kann, wie beim Storch und den Schwalben, oder umgekehrt vom Äquator nach Norden bis zu den europäischen Mittelmeerländern, wie bei den Stelzen, den Rotschwänzchen, dem Nacht- und Schopfreiher. Eine ganz gewaltige Ausdehnung hat die Zugzone der Wildenten. So überwintert die Krickente von Mitteleuropa bis zum tropischen Afrika, die Pfeifente tritt im Winter sowohl in Großbritannien, wie in Nordafrika auf, und die Löffelente verbreitet sich als Wintergast über ganz Afrika. Der Kleine Sandregenpfeifer überwintert auf den britischen Inseln, im westlichen Frankreich, in den Mittelmeerländern und in Afrika bis zum Südkap.

Ein bevorzugtes Winterquartier für nordeuropäische Vögel bilden die Britischen Inseln, die besonders von Vögeln aus Skandinavien, Finnland und dem nördlichen Rußland aufgesucht werden. Die Brutvögel der Britischen Inseln sind dagegen vielfach Standvögel, wie es schon von der Waldschnepfe gesagt wurde. Nordische Austernfischer überwintern gern im Küstengebiet der Nordsee, während die hier wohnenden Austernfischer in der Regel nicht fortziehen, sondern auch im Winter in der Heimat bleiben. Die Nebelkrähen aus Finnland und Nordrußland ziehen im Herbst westwärts, um bei uns und in Frankreich zu überwintern. So kann also eine Gegend für dieselbe Vogelart sowohl Brutgebiet wie Winterherberge sein. Es findet im Winter eine Vermischung der Standvögel mit den Zuggästen statt. Wenn man bei uns Rotkehlchen, Bachstelzen, Stare oder Waldschnepfen überwintern sieht, so ist es daher sehr fraglich, ob es sich um Vögel handelt, die als Standvögel in ihrer Heimat verblieben sind, oder um Wintergäste aus anderen, weiter nördlich oder mehr östlich gelegenen Gegenden. Diese Frage läßt sich einzig und allein durch die Vogelberingung entscheiden, der hier noch ein dankbares Feld der Tätigkeit harrt.

Die hochnordischen Schwimmvögel überwintern gern an den Küsten der Nord- und Ostsee. An der deutschen Nordseeküste sieht man im Winter bisweilen in gewaltigen Scharen die das Polargebiet bewohnende Trauerente. Auch Ringelgans, Bergente, Eisente und Nordseetaucher sind regelmäßige Wintergäste an unseren Meeresküsten. Im Binnenland überwintern bei uns die nordischen Leinfinken, Bergfinken und Schneeammern, und in sehr strengen Wintern kommen

Hakengimpel und Seidenschwanz (Abb. 4) aus dem hohen Norden zu uns.

Die Vögel aus dem östlichen Europa überwintern zum Teil in Kleinasien, Syrien, Palästina und Persien. Viele dieser Vögel wandern aber im Herbst westwärts und südwestwärts, um im Mittelmeergebiet und Afrika Winterherberge zu nehmen.

Die Winterherberge der europäischen Zugvögel umfaßt also ein sehr weites Gebiet, das sich von der Küste der Nord- und Ostsee westlich bis Westeuropa, südlich über das Mittelmeergebiet hinaus über ganz Afrika und ostwärts bis nach dem westlichen Asien erstreckt, also über drei Erdteile, von der nördlich gemäßigten Zone über das subtropische und tropische Gebiet bis zur südlich gemäßigten Zone. Die Winterherberge hat also einen ganz gewaltigen Umfang.

Sogar Amerika kommt als 4. Erdteil für eine Winterherberge in Betracht, wie der Flug zweier Lachmöwen über den Ozean von der Alten nach der Neuen Welt zeigt.

Die Entfernungen, die die Vögel zurücklegen, sind sehr verschieden. Während Drosseln, Stare, Finken und andere Arten sich mit einer verhältnismäßig kleinen Reise, die nur bis Südeuropa und zum Mittelmeergebiet führt, begnügen, scheinen andere Vögel ihre Wanderungen gar nicht weit genug ausdehnen zu können. Der Weiße Storch zieht von Nordeuropa bis Südafrika. Noch größer sind die Wanderungen der Regenpfeifer und schnepfenartigen Vögel, die das arktische Gebiet der Alten und Neuen Welt bewohnen. Sie ziehen zum Teil bis Südafrika, Indien und Südamerika. Der Wassertreter (*Phalaropus fulicarius L.*), dessen zirkumpolares Brutgebiet bis zum 82. Grad n. Br. reicht, zieht bis Patagonien und zu den Falklandsinseln unter dem 51. Grad s. Br. Der Vogel überfliegt also 133 Breitengrade. Die Entfernung der Breitengrade voneinander beträgt 111 Kilometer. Es ergibt sich also ein Reiseweg von insgesamt fast 15 000 Kilometern, der zweimal im Jahre zurückgelegt wird. Das ist eine staunenswerte Flugleistung, aber trotzdem ist sie noch nicht die Höchstleistung. Es gibt einen Vogel, der noch eine bedeutend weitere Wanderung vollführt. Es ist die Küstenseeschwalbe (*Sterna paradisaea Brünn.*), eine Vertreterin jener kleinsten Möwenarten, die wegen ihrer zierlichen Gestalt, ihrer langen, spitzen Flügel und des gegabelten Schwanzes eine gewisse Ähnlichkeit mit den Schwalben haben und daher den Namen Seeschwalben erhielten (Abb. 7). Ihre Heimat reicht weit in den Norden hinauf, auch sie brütet in der Arktis der Alten und Neuen Welt. Ihre Winterquartiere erstrecken sich bis in das Südliche Eismeer. So überfliegt dieser Vogel zweimal jährlich den ganzen Erdball. Der großen Wanderung entsprechend ist ihr Aufenthalt im Brutgebiet des hohen Nordens sehr kurz. Die Küstenseeschwalbe trifft hier erst Mitte Juni ein und begibt sich bereits Ende August gleich nach dem Brutgeschäft wieder auf die Reise nach dem entfernten Süden. Sie weilt also kaum $2^{1}/_{2}$ Monate in ihrer eigentlichen Heimat, der Arktis. Die Küstenseeschwalbe ist der „Sonnenvogel" im wahrsten Sinne des Wortes, denn zur Zeit der Mitternachtssonne brütet sie im Nördlichen Eismeer, und wieder zur Zeit des ewigen Sonnenlichtes weilt sie in der Winterherberge des Südlichen Eismeeres. Vielleicht ist ihre Vorliebe für das Sonnenlicht die Veranlassung zu der weiten Wanderung von Pol zu Pol, die eine der eigentümlichsten und auffälligsten Erscheinungen in den Rätseln des Vogelzuges ist.

Auf welche Weise erreichen die Wanderer ihre Winterherberge? Es liegt sehr nahe zu vermuten, daß der Vogel, dem das freie Luftmeer, in dem es keine Hindernisse gibt, unbeschränkt zur Verfügung steht, den kürzesten Weg wählen sollte, also die direkte Luftlinie zwischen der Heimat und der Winterherberge. Dies ist aber keineswegs immer der Fall, sondern die Vögel machen sehr oft bedeutende Umwege. Ein typisches Beispiel hierfür ist der Weiße Storch, dessen Zugwege die Vogelberingung aufgeklärt hat. Die Störche aus Deutschland östlich der Weser, aus Skandinavien, Finnland, Rußland, Österreich und Ungarn, also aus Mittel- und Osteuropa, ziehen im Herbst nach Südosten fort und wandern über den Balkan und die Dardanellen zunächst nach Kleinasien, wo dann eine südliche Richtung eingeschlagen wird, die über Syrien, Palästina und den Suezkanal nach Ägypten

Abb. 7. Küstenseeschwalbe.

führt. In Ägypten folgen die Störche dem Lauf des Nils und setzen ihre Wanderung über die ostafrikanische Seenkette bis zur Kapkolonie fort. Vom Nil aus wird auch das Gebiet des Kongos und Tsad-Sees als Winterherberge aufgesucht. Die Störche, die westlich der Weser wohnen, beginnen ihre Wanderung in entgegengesetzter Richtung. Sie ziehen nach Südwesten fort, um über Frankreich, Spanien und Gibraltar nach Afrika zu gelangen. Die Fundorte beringter Störche reichen zwar nur bis Spanien, aber die Fortsetzung der Wanderung durch die Sahara nach dem tropischen und südlichen Afrika ist mit Sicherheit zu vermuten, zumal schon wiederholt wandernde Störche in der Sahara angetroffen sind.

Die Störche erreichen ihre afrikanische Winterherberge nicht durch einen direkt südlichen Flug über das Mittelmeer, sondern sie machen erhebliche Umwege, die über Osten und Westen führen. Die Grenze zwischen diesen beiden Zuggebieten bildet ungefähr die Weser. Die Störche aus dem Grenzgebiet wählen, wie die Beringung ergab, beide Zugrichtungen. Dasselbe trifft auch für die dänischen Störche zu, die aber den südöstlichen Weg über Kleinasien zu bevorzugen scheinen. Dänemark liegt ja ungefähr in der nördlichen Verlängerung der Weserlinie und gehört also zu der Scheide der beiden Zuggebiete.

Einen großen Umweg macht auch die Spießente auf ihrer Wanderung nach dem Mittelmeer, das ihr bevorzugtes Winterquartier bildet. Der dänische Ornithologe Mortensen, dem wir die für die Erforschung des Vogelzuges so wertvolle Vogelberingung zu verdanken haben, beringte zahlreiche Spießenten, die auf dem Herbstzuge in den Entenkojen der Insel Fanö an der Westküste von Jütland gefangen wurden. Ein Teil dieser Enten wurde in späteren Jahren in Finnland und in den sibirischen Gewässern als Brutvögel festgestellt, viele wurden auf der weiteren Herbstwanderung auf den Friesischen Inseln, an den Küsten Belgiens, Frankreichs und der Pyrenäenhalbinsel sowie im Mittelmeergebiet erlegt. Hieraus ergibt sich, daß die in den sibirischen Gewässern beheimateten Spießenten längs der Nord- und Westküste Europas nach dem Mittelmeer wandern, das sie auf dem Landwege durch einen direkten Flug nach Südwesten in viel kürzerer Zeit erreichen könnten. Die Entfernung von der Tschesskaja-Bai, wo in Fanö beringte Spießenten als Brutvögel festgestellt wurden, bis zum Mittelmeer beträgt in der Luftlinie etwa 3000 Kilometer, während der Küstenweg fast 8000 Kilometer lang ist. Der Umweg ist also ganz gewaltig. Im Frühjahr freilich scheint die Spießente diesen Umweg nicht zu machen, sondern auf dem kürzeren Landwege in die Heimat zurückzukehren, denn sie wird dann oft im europäischen Binnenlande als Zugvogel angetroffen.

Ein anderer Vogel, dessen Zugwege im Herbst und Frühjahr verschieden verlaufen, ist die Wachtel. Auf dem Herbstzuge erscheint sie regelmäßig in großen Mengen in Ägypten, im Frühjahr dagegen in Tunis, wo sie im Herbst fast völlig fehlt. Auch der amerikanische Goldregenpfeifer (*Chraradrius dominicus* Müll.) führt den Herbstzug und Frühjahrszug in ganz verschiedener Weise aus. Im Herbst fliegt er aus seiner arktischen Heimat Neuschottland über den Atlantischen Ozean nach Südamerika, im Frühjahr aber wählt er den Landweg und zieht über Mittelamerika und durch das Tal des Mississippi nach seinen Brutplätzen zurück. Sehr auffallend ist es, daß der Frühjahrsweg bedeutend weiter ist als der Herbstweg, was geradezu im Gegensatz steht zu dem sonst bei den Zugvögeln durch den Fortpflanzungstrieb bedingten Bestreben, den Rückweg möglichst zu beschleunigen und auf dem kürzesten Wege nach dem Brutplatz zu gelangen, wie es z. B. bei der Spießente der Fall ist.

Der Weiße Storch hält in beiden Zugperioden dieselben Zugstraßen inne, die, wie wir gesehen haben, nicht die kürzeste Verbindung zwischen der Heimat und der Winterherberge sind, sondern beträchtliche Umwege machen. Trotzdem erfolgt der Rückzug im Frühjahr nicht auf einem näheren Wege.

Eine gleiche Zugrichtung in beiden Zugzeiten wurde für den Ringversuch auch bei einer Singdrossel festgestellt, die auf dem Frühjahrszuge auf Helgoland beringt und auf dem Herbstzuge desselben Jahres wieder auf Helgoland eingefangen wurde. Ferner wurden schon wiederholt Stare und Nebelkrähen auf dem Frühjahrszuge dort erbeutet, wo sie als Durchzügler im vorangegangenen Herbst beringt waren. Sehr auffällig ist es, daß an solchen Orten, wo im Herbst ein starker Massenzug stattfindet, wie auf Helgoland und auf der Kurischen Nehrung, auch im Frühjahr das Gleiche der Fall ist, was unbedingt dafür spricht, daß all' diese Vögel in beiden Zugperioden denselben Weg wählen.

Wir sehen aus diesen Beispielen, wie verschieden die Zugbewegungen verlaufen können. Viele Vögel wandern im Frühjahr und Herbst auf denselben Zugwegen, andere dagegen schlagen in diesen Zugperioden verschiedene Flugrichtungen ein.

Jede Vogelart hat ihre besonderen Gewohnheiten auf der Wanderung, was nicht nur von der Richtung des Zuges, sondern, wie wir noch sehen werden, auch betreffs der Schnelligkeit des Zuges, seiner Abhängigkeit vom Wetter, der Orientierung und von anderen Fragen gilt. Man muß sich also bei dem Studium des Vogelzuges vor allem vor einer frühzeitigen Verallgemeinerung hüten. Es müssen die Zugverhältnisse jeder einzelnen Vogelart gesondert erforscht werden, was die Lösung des Problems des Vogelzuges so überaus erschwert.

Die Zugwege des Weißen Storches stehen mit der geographischen Lage des Brutgebiets im engen Zusammenhang. Die östlich der Weser wohnenden Störche nehmen den südöstlichen Weg, der über Kleinasien, Palästina und den Suezkanal führt, während die westlichen Brutvögel die südwestliche Zugstraße wählen, die über Frankreich, Spanien und Gibraltar verläuft. Auch beim Star besteht ein Zusammenhang zwischen der Zugrichtung und der geographischen Lage der Heimat. Die Stare aus Norddeutschland, Dänemark, Skandinavien, Livland und Finnland ziehen im Herbst längs der Küste der Ost- und Nordsee nach Westen, um in Holland, Belgien, Nordfrankreich und auf den Britischen Inseln zu überwintern. Die Stare aus Mittel- und Süddeutschland, aus Böhmen, Österreich und Ungarn wandern nach Südfrankreich, der Pyrenäenhalbinsel, Marokko, Tunis und Algier. Ihre Zugbahn erstreckt sich also nach Südwesten, nach dem westlichen Mittelmeergebiet.

Bei anderen Vögeln ist die Richtung der Wanderung nicht an die geographische Lage der Heimat gebunden, sondern ihr Fortzug im Herbst erfolgt aus derselben, enger begrenzten Heimat in ganz verschiedene Richtungen. Die Lachmöwen der Möwenkolonie auf der Kurischen Nehrung wandern teils nach Westen, um an den Küsten Hollands, Belgiens und Frankreichs zu überwintern, teils nach Südwesten quer durch das Binnenland nach dem Mittelmeergebiet. Die Rauhfußbussarde aus Schwedisch-Lappland überwintern sowohl in Deutschland, Österreich und Ungarn als auch in Südrußland. Von drei bei Petersburg beringten Waldschnepfen zog ein Vogel nach Südfrankreich, der zweite nach Istrien und der dritte nach Ostende. Sie hatten also ganz verschiedene Richtungen eingeschlagen und ganz verschiedene Winterherbergen aufgesucht.

Hieran knüpft sich die Frage, ob das einzelne Individuum auf dem Herbstzuge stets dieselbe Zugrichtung wählt und immer dasselbe Winterquartier aufsucht oder ob auch ein individueller Wechsel der Zugrichtung stattfindet. Diese Frage kann einzig und allein durch die experimentelle Forschungsweise der Vogelberingung entschieden werden, indem man festzustellen versucht, ob ein beringter Zugvogel mehrmals auf dem Zuge in derselben Gegend erscheint oder ob er in verschiedenen Zuggebieten angetroffen wird. Freilich ist der Erfolg ganz und gar vom Zufall abhängig. Trotzdem konnten schon mehrere Fälle nachgewiesen werden, in denen beringte Vögel zweimal denselben Weg im Herbst eingeschlagen hatten. So wurde ein am 2. April 1919 in Ostpreußen beringter Rauhfußbussard nach 4 Jahren im Winter abermals in Ostpreußen, nur 7 Kilometer von der ersten Fangstelle entfernt, erbeutet. Man kann also annehmen, daß dieser Vogel wohl immer Ostpreußen als Winterherberge gewählt hatte. Auch ein beringter Mäusebussard wurde zweimal im Winter an derselben Stelle eingefangen. Zwei Amseln zogen zweimal hintereinander im Herbst über Helgoland. Eine im Herbst auf Helgoland beringte Waldschnepfe wurde im folgenden Herbst in Oldenburg erlegt. Der Vogel hatte also in beiden Zugperioden dieselbe Richtung genommen, die aus seiner

Heimat in Skandinavien über die Nordsee nach der deutschen Küste führt. Mehrfach wurden auch Möwen wiederholt als Wintergäste in derselben Gegend angetroffen, und auf der Vogelwarte Rossitten wurden Krähen, die auf dem Durchzuge beringt waren, in späteren Jahren auf dem Zuge dort wieder eingefangen. Sie hatten also immer wieder ihren Weg über die Kurische Nehrung genommen. Diese äußerst wertvollen Ergebnisse der Vogelberingung deuten darauf hin, daß der einzelne Vogel auf dem Herbstzuge in den verschiedenen Zugperioden meist dieselbe Richtung einschlägt. Dagegen ist, soweit ich unterrichtet bin, noch kein Fall bekannt geworden, in dem ein Wechsel der Zugrichtung stattfand.

Der Zug beringter Waldschnepfen von Petersburg nach Südfrankreich, Istrien und Ostende zeigt, daß die in Nordrußland beheimateten Schnepfen sich auf ihrer Herbstwanderung strahlenförmig nach Westen, Südwesten und Südsüdwesten über das europäische Festland verbreiten. Es grenzen sich also keine bestimmten Zuggebiete ab, sondern die Zugbewegung verläuft in „breiter Front", wie man wissenschaftlich sagt. Ganz anders stellt sich die Zugbewegung des Weißen Storches dar. Hier erfolgt die Wanderung nicht in breiter Ausdehnung quer über ganz Europa und das Mittelmeer nach Afrika, sondern auf ganz bestimmten, enger begrenzten Räumen, wobei die Richtung mehrfach wechselt und sogar Umwege gemacht werden. Im Gegensatze zum Zuge in „breiter Front" haben wir hier die Wanderung auf einer „Zugstraße", wie der wissenschaftliche Ausdruck heißt.

Über die Frage, ob die Wanderungen der Zugvögel in breiter Front erfolgen oder auf Zugstraßen, ist schon manche heftige Fehde unter den Ornithologen ausgefochten worden, besonders die Zugstraßentheorie wurde von vielen Forschern verworfen. Heute ist die Frage entschieden. Es ist völlig falsch, wie man es früher getan hat, die eine Anschauung auf Kosten der anderen leugnen zu wollen, denn wie uns die Vogelberingung gelehrt hat, kommen eben beide Arten der Zugbewegung vor. Es gibt Vögel, wie die Waldschnepfe, die in „breiter Front" wandern, und Arten, wie der Weiße Storch, die bestimmten, gesetzmäßig festliegenden Zugstraßen folgen.

Unter einer Vogelzugstraße darf man freilich keine schmale, straßenförmige Linie verstehen im Sinne unserer Verkehrswege, sondern die Zugstraße hat eine breite Ausdehnung, die mitunter mehrere Hundert Kilometer betragen kann. Dies ist ja auch ganz selbstverständlich, da es ja in der Luft keine unüberwindlichen Hindernisse gibt, die die beschwingten Wanderer an schmale Wege fesselt. Der Unterschied zwischen Zugstraßenbewegung und dem Zuge in breiter Front besteht darin, daß bei der Zugstraße der durchflogene Raum schmaler ist als das Brutgebiet der Vögel und sich auf einer größeren, für die Zugbewegung zu Gebote stehenden Fläche als begrenzter Streifen deutlich hervorhebt, wie es z. B. der Fall ist, wenn die westlich der Weser beheimateten Störche nach Südwesten fortziehen, auf dem Balkan zusammenströmen, um dann über Kleinasien, Palästina und den Suezkanal nach Afrika zu fliegen. Hier haben wir einen deutlich vorgezeichneten, auf dem europäischen und asiatischen Festlande abgegrenzten Weg, der sich als verhältnismäßig enger Raum darstellt und bedeutend schmaler ist als das Brutgebiet aller westlich der Weser lebenden Störche.

Im Gegensatz zur Zugstraßenbewegung ist die Wanderung in „breiter Front" keine im Verhältnis zur Ausdehnung des Brutgebiets enger begrenzte Fläche, sondern sie verläuft in gleicher oder sogar größerer Breite als der Brutraum, indem sich die Vögel strahlenförmig verteilen.

Gegner der Zugstraßentheorie glaubten ihre Ansicht damit retten zu können, daß sie die Bezeichnung „Zugstraße" verwarfen, weil eine Vogelzugstraße keine dünne, straßenförmige Linie sei, sondern auch eine breite Ausdehnung habe. Sie haben daher vorgeschlagen, das Wort „Zugstraße" durch „Zuggebiet" oder andere Bezeichnungen zu ersetzen. Ich halte dies für wenig günstig, da dann der Unterschied zwischen der Zugstraßenbewegung und dem Zuge in breiter Front zu sehr verwischt wird, denn der Raum, der beim Zuge in breiter Front von den Vögeln durchflogen wird, ist ja auch ein Zuggebiet. Das Beste ist es jedenfalls, wenn wir die alten Bezeichnungen „Zugstraße" und „Zug in breiter Front"" auch weiter beibehalten. Sie sind seit langen Zeiten in der Vogelzugforschung im Gebrauch und charakterisieren am klarsten den Unterschied dieser beiden Arten der Wanderung; und darauf kommt es ja gerade an, wo wir jetzt wissen, daß eben beide Arten der Zugbewegung bestehen. Daß die Zugstraße nicht eine so schmale Linie ist wie ein Verkehrsweg, sondern eine größere Breitenausdehnung hat, ist kein Grund, den Ausdruck „Straße" zu verwerfen. Wir gebrauchen das Wort Straße ja auch in erweiterter Bedeutung und nennen z. B. in der Geographie den Meeresarm, der Grönland von Baffinland trennt, die Davis-Straße, obwohl sie fast 400 Kilometer breit ist, und sprechen in der Astronomie von einer „Milchstraße", obgleich ihre Breite sich zahlenmäßig kaum noch verbildlichen läßt. Durch die Bezeichnung „Straße" soll eben zum Ausdruck gebracht werden, daß es sich um eine enger begrenzte Fläche von langer Ausdehnung handelt. Dasselbe besagt die Bezeichnung „Zugstraße" in der Vogelzugforschung. Es besteht also keine Veranlassung, sie zu verwerfen und dadurch die Begriffe zu verwirren, anstatt zu klären. Bleiben wir bei den alten Bezeichnungen „Zugstraße" und „breite Front", die diese beiden Arten der Zugbewegung vortrefflich unterscheiden und charakterisieren.

Typische Zugstraßenwanderer sind der Weiße Storch, der Schwarzstorch, der dieselben Zugwege benutzt wie sein weißer Vetter, Neuntöter, Schwarzstirnwürger, der Kranich, der zur Zugzeit immer wieder nur in bestimmten Gegenden erscheint, sowie viele Schwimmvögel, wie Enten und Möwen, die den Meeresküsten und den Flußläufen folgen. Ein charakteristisches Beispiel hierfür ist der Herbstzug der Spießente, der längs der Nord- und Westküste des europäischen Kontinents verläuft. Auch für die Seeschwalben ergab die Beringung eine Zugbewegung längs der Westküste Frankreichs, Portugals und Afrikas bis Kapland. Wir haben also hier ausgesprochene Zugstraßen, die sich eng an die Meeresküste anlehnen.

Ebenso wie den Meeresküsten folgen die Zugvögel auch gern den Flußläufen. Russische Forscher berichten, daß große Vogelscharen auf ihrem Zuge zwischen Nord- und Südrußland mit Vorliebe dem Lauf der Wolga folgen, in deren Gebiet es in den Zugzeiten von Vögeln aller Arten geradezu wimmelt. Hier wird also die Zugstraße durch ein Flußgebiet gebildet.

Viele Vögel halten sich auf ihren Wanderungen an keine bestimmten Zugstraßen, sondern sie verteilen sich in „breiter Front" quer über das Festland, einer allgemeinen Himmelsrichtung folgend. Dies mag in erster Linie für die große Schar der Singvögel gelten, die man zur Zugzeit überall im Binnenlande antrifft. Eine Ausnahme machen freilich der Neuntöter und der Schwarzstirnwürger, die, wie wir später noch sehen werden, bestimmten Zugstraßen folgen.

Es mag sein, daß vielleicht die meisten Zugvögel in breiter Front ihre Reisen ausführen und daß die Zugstraßenbewegung nur für wenige Arten zutrifft. Doch läßt sich diese Frage einstweilen noch nicht mit Sicherheit beantworten, da wir über die Zugverhältnisse der einzelnen Arten noch zu wenig aufgeklärt sind. Hier kann im Laufe der Zeit nur die Vogelberingung Klarheit verschaffen.

Es gibt Vogelarten, die ihre Wanderungen teils in breiter Front, teils auf Zugstraßen ausführen. Eine solche Verbindung beider Reisearten finden wir bei dem nordamerikanischen Rosenbrüstigen Kernbeißer (*Zamelodia ludoviciana* L.). Die Vögel verlassen ihre nordamerikanische Heimat, die sich von Nova Scotia bis Mittelalberta erstreckt, in breiter Front. Der Zug geht nach Süden über den Golf von Mexiko nach Mittel- und Südamerika. Der Golf von Mexiko wird aber nicht in seiner ganzen Breite überflogen, sondern nur im westlichen Teil zwischen Florida und dem mittleren Texas. Die breite Front des Landfluges geht also auf dem Meere in eine Zugstraßenwanderung über. Diese „Golfstraße" wird nach Angabe amerikanischer Ornithologen von zahlreichen nordamerikanischen Zugvögeln bei ihrem Fluge über den Golf von Mexiko gewählt. Andere Zugvögel Nordamerikas vermeiden bei ihrem Zuge nach Südamerika nach Möglichkeit den Flug über offene, breite Meeresteile. Sie sammeln sich auf der Halbinsel Florida, um dann über die Großen und Kleinen Antillen Südamerika zu erreichen. Der Zug über das

Meer geht hier von Insel zu Insel, wodurch eine ausgesprochene Inselzugstraße entsteht, die in diesem Falle sogar recht schmal ist. Ähnliche Verhältnisse haben wir bei uns in Deutschland auf der Kurischen Nehrung in Ostpreußen, die im Frühjahr und Herbst von Zehntausenden Vögeln aller Arten, die in Finnland und Nordrußland beheimatet sind, überflogen wird. Auch hier drängen sich die Vögel in großen Mengen auf ihrem Zuge auf einem schmalen Landstrich zusammen.

Im Binnenlande können hohe Gebirgszüge die Vögel veranlassen, ihren Zug in breiter Front vorübergehend aufzugeben. Sie wählen die niedrigsten Pässe oder umgehen den Gebirgszug, wodurch dann eine Zugstraßenbewegung entsteht. So kann also ein Wechsel zwischen Wanderung auf Zugstraße und dem Fluge in breiter Front stattfinden. Es mag daher viele Vogelarten geben, deren Wanderungen auf beide Weisen erfolgen im Gegensatz zu anderen Zugvögeln, die ausgesprochene Zugstraßenwanderer sind oder den Zug in breiter Front auch dann beibehalten, wenn offene Meeresteile und hohe Gebirgszüge zu überfliegen sind. Wir sehen also immer wieder, daß sich für den Vogelzug kein bestimmtes Schema aufstellen läßt, sondern daß in den Zugbewegungen eine große Mannigfaltigkeit herrscht.

Bei der Bearbeitung der Fundorte beringter Vögel fiel mir auf, daß bestimmte Richtungen und Wege von den europäischen Zugvögeln auf der Herbstwanderung bevorzugt werden. So ziehen viele Vögel aus dem nordöstlichen Europa gern westwärts längs der Küsten der Ost- und Nordsee, um entweder in Westeuropa zu überwintern, oder weiter an der Westküste Frankreichs und Portugals entlang nach Afrika zu fliegen. Solche westliche Küstenwanderung führen mit Vorliebe aus: Möwen, Seeschwalben, Strandläufer, Schnepfen, Austernfischer, Enten, Kiebitz, Wasserhuhn, Reiher, Löffler, Nebelkrähe, Star, Drosseln und Rotkehlchen. Man kann also von einem nach Westen führenden Küstenzuge sprechen. Ich habe diese Zugbahn „Westliche Küstenstraße" genannt (Abb. 8).

Eine zweite große Zugstraße führt aus dem mittleren öst-

Abb. 8. Karte der Hauptzugstraßen in Europa.

················· Westliche Küstenstraße.
— — — — — — — Italienisch-Spanische Zugstraße.
<<<<<<<<< Adriatisch-Tunesische Zugstraße.
× × × × × × × × × Bosporus-Suez-Straße.

lichen Europa längs der Küsten der Adria über Sizilien nach Tunis. Diese „Adriatisch-Tunesische Zugstraße" wird gern von Vögeln aus Österreich und Ungarn, wie Lachmöwe, schnepfenartigen Vögeln, Reihern und Singvögeln, gewählt (Abb. 8).

Ein drittes allgemeines Zuggebiet bildet die „Italienisch-Spanische Zugstraße" (Abb. 8). Sie führt ebenfalls aus dem mittleren Osteuropa über Oberitalien nach Südfrankreich und Spanien. Sie ist gewissermaßen eine Zweiglinie der Adriatisch-Tunesischen Zugstraße und wird von denselben Vögeln benutzt.

Ein vierter Reiseweg führt aus Europa mit einem Umwege über Osten, nämlich über den Balkan, den Bosporus, Kleinasien, Syrien, Palästina und den Suezkanal nach Ägypten. Ich habe diesen Weg nach den beiden Meerengen, die überflogen werden, die „Bosporus-Suez-Straße" benannt (Abb. 8). Wir lernten diese Zugstraße schon bei der Schilderung der Zugbewegungen des Weißen Storchs kennen. Außerdem folgen ihr auf dem Zuge der Schwarzstorch, der Neuntöter und der Schwarzstirnwürger. Gerade über den Bosporus findet alljährlich ein reger Vogelzug statt, der die Wanderer von Europa nach Kleinasien führt. Man darf also annehmen, daß nicht nur die genannten Vogelarten, sondern auch noch viele andere Vögel, besonders osteuropäische Brutvögel, diese Zugstraße nehmen.

Für den Weißen und Schwarzen Storch wurde diese Zugrichtung durch die Vogelberingung nachgewiesen, für die beiden Würgerarten durch unmittelbare Beobachtung ihrer Zugbewegungen. Neuntöter und Schwarzstirnwürger fehlen nämlich in der Zugzeit im mittleren und westlichen Mittelmeergebiet sowie in Nordafrika westlich von Ägypten, erscheinen dagegen auf dem Balkan, in Kleinasien, Syrien, Palästina und dem östlichen Afrika regelmäßig und zahlreich als Zugvögel, woraus sich ergibt, daß sie ebenso wie die Störche über den Bosporus und den Suezkanal nach Afrika wandern, wo sie dann die Reise nilaufwärts bis über den Äquator hinaus ausdehnen. Höchst eigentümlich und absonderlich ist es, daß die in Italien beheimateten Vögel dieser beiden Würgerarten nicht etwa über Sizilien nach Tunis wandern, wie es doch eigentlich ganz natürlich und selbstverständlich erscheinen müßte, sondern ebenfalls diese östliche Zugrichtung einschlagen. Sie fliegen über das Ionische Meer nach Griechenland und dann über das Ägäische Meer nach Kleinasien, von wo die Wanderung mit einer Schwenkung nach Südwesten über Palästina nach Afrika fortgesetzt wird. Die Vögel erreichen also ihre afrikanische Winterherberge auf einem gewaltigen Umwege. Dieselbe Eigentümlichkeit zeigen auch die in Frankreich wohnenden Würger. Für diese Vögel wäre ein Flug über Spanien und Gibraltar der gegebene Weg nach Afrika. Sie schlagen ihn aber nicht ein, sondern ziehen nach Osten fort, um auf der viel weiteren Bosporus-Suez-Straße Afrika zu erreichen. Dies sonderbare Verhalten läßt sich wohl nur so erklären, daß die Vögel einem uralten Triebe folgen, der in früherer Zeitperiode seine guten Gründe hatte, heute aber nur noch eine automatische Handlung ist, die durch Vererbung seit langen Zeiten so fest mit dem Zugtriebe verankert ist, daß eine Abänderung gar nicht mehr möglich ist.

In ähnlicher Weise zeigt auch ein kleiner Singvogel Nordamerikas, der Palmensänger (*Dendroica palmarum Baird*), ganz absonderliche und wunderbare Gewohnheiten auf dem Zuge. Der Palmensänger bewohnt in zwei gut unterscheidbaren geographischen Rassen das mittlere und östliche Kanada. Die Vögel, die westlich der Hudson-Bai leben, sind unterwärts schmutzigweiß gefärbt, die Palmensänger, welche östlich der Hudson-Bai beheimatet sind, haben eine schöne gelbe Unterseite. Die Palmensänger überwintern im Gebiet des Golfes von Mexiko, von Louisiana bis Florida und auf den Antillen. Es wäre nun das Natürliche, daß die westlichen Vögel südwärts ziehen und nach Louisiana wandern, die östlichen Vögel ebenfalls im südlichen Fluge Florida und die Antillen als Winterherberge aufsuchen. Wunderbarerweise ist gerade das Gegenteil der Fall, d. h. die westlichen Palmensänger ziehen südöstlich nach Florida und den Antillen, die östlichen Brutvögel dagegen südwestlich nach Louisiana. Die Zugstraßen kreuzen sich also fast rechtwinklig (Abb. 9). Das sind ganz wunderbare Eigentümlichkeiten in der Zugbewegung, die schwer verständlich sind. Sie zeigen uns ebenso wie der absonderliche östliche Zug der Würger, auf welche Überraschungen man bei dem Studium des Vogelzuges stößt, und wie jede Vogelart ihre besonderen Eigentümlichkeiten auf der Wanderung hat.

Die obengenannten europäischen Zugstraßen, auf die ich zuerst in meinen „Rätseln des Vogelzuges" hingewiesen habe, sind natürlich nicht als schmale Linien aufzufassen. Sie haben, wie ich das schon bei Besprechung der Zugstraßen betonte, eine breitere Ausdehnung. Die Westliche Küstenstraße führt nicht unmittelbar an der Küste entlang, sondern erstreckt sich auch weiter in das Binnenland hinein. Die Küste gibt nur die Richtschnur.

Bei der Richtung dieser Zugstraßen fällt es auf, daß sie mit Ausnahme der Bosporus-Suez-Straße im allgemeinen nach Westen und Südwesten verlaufen. Wir sehen also, daß unsere Zugvögel keineswegs, wie der Laie meist glaubt, im Herbst immer nach Süden wandern, sondern auch eine westliche Zugrichtung einschlagen, die nach dem milden Klima des Atlantischen Ozeans gerichtet ist. Von hier aus biegen dann die Wanderer nach Süden ab, um über die Pyrenäenhalbinsel Afrika zu erreichen, soweit sie nicht schon im westlichen Europa überwintern. Auf die westliche Richtung des Herbstzuges vieler europäischer Vögel hatten schon die älteren Ornithologen hingewiesen. Die Richtigkeit dieser Anschauung hat die Vogelberingung bestätigt. Eine große Anzahl beringter Vögel, wie Möwen, Seeschwalben, Enten, Regenpfeifer, Schnepfen, Rallen, Reiher, Raubvögel, Tauben, Krähen und kleinere Singvögel wurden auf einer westlichen Wanderung erbeutet. Typische West- und Südwestwanderer sind der Star, dessen Zugwege schon besprochen wurden, und die Nebelkrähe. Die finnischen und nordrussischen Nebelkrähen ziehen, wie schon an anderer Stelle gesagt wurde, im Herbst westwärts durch Nord- und Mitteldeutschland bis nach Frankreich. Ihre Zugbahn verläuft also ganz nach Westen.

Die Lachmöwe setzt ihre Wanderung nach Westen bisweilen sogar über den Atlantischen Ozean bis nach Amerika

Abb. 9. Karte der Zugwege der amerikanischen Palmensänger.

⇐ Brutvögel östlich der Hudson-Bai.

×××× Brutvögel westlich der Hudson-Bai.

fort; denn es wurden beringte Lachmöwen der Kurischen Nehrung dort als Wintergäste aufgefunden.

Auch einige im nördlichen Asien beheimatete Singvögel, wie Zwergammer, Spornpieper und Gelbbrauiger Laubsänger, bevorzugen die westliche Richtung auf ihrem Herbstzuge, wie aus ihrem Auftreten auf Helgoland hervorgeht.

Auch aus Amerika erscheinen bisweilen Zugvögel bei uns, wie die Wanderdrossel und einige Zwergdrosselarten. Die Ansicht, die viele Ornithologen vertreten, daß diese Vögel über den Ozean nach Europa gelangen, kann ich nicht teilen. Ich glaube vielmehr, daß sie auf dem Landwege über Alaska, die Behringstraße und Asien nach Europa wandern. Hierfür spricht einmal ihr weit nach Norden bis zur arktischen Zone reichendes Brutgebiet und vor allem die Tatsache, daß diese Vögel schon öfters im nördlichen Asien auf der Tschuktschen Halbinsel als Zuggäste erbeutet sind. Durch diesen Fundort wird der Landweg über Asien geradezu vorgezeichnet. Trifft diese Annahme zu, so führen die nordamerikanischen Drosseln ganz gewaltige Wanderungen nach Westen aus.

Neben der westlichen und südwestlichen Zugrichtung kommen noch andere Richtungen auf dem Herbstzuge der europäischen Vögel vor. Ein Teil der beschwingten Wanderer wendet sich unmittelbar nach Süden, um über Italien und das Mittelmeer Afrika zu erreichen. Dies gilt z. B. von den Schwalben.

Die Zugwege, die wir beim Storch, dem Neuntöter und dem Schwarzstirnwürger kennenlernten, führen zunächst nach Osten über den Balkan nach Kleinasien, von wo dann die Reise über Palästina und den Suezkanal nach Afrika fortgesetzt wird. Nach Südosten wandert ein Teil der Rauhfußbussarde aus Skandinavien, um in den südrussischen Steppen zu überwintern. Eine südöstliche Zugrichtung nahm auch eine englische Bachstelze, die nach Kleinasien zog.

Der Herbstzug kann sogar in nördlicher Richtung angetreten werden. So wandern die Lachmöwen aus Süddeutschland, Böhmen und Ungarn nicht immer südwärts nach dem Mittelmeer, sondern sie treten ihre Herbstreise auch in nördlicher Richtung an, indem sie dem Lauf des Rheins und der

Elbe folgen bis nach der Nordsee, um sich dann hier dem westlichen Küstenzuge ihrer norddeutschen Artgenossen anzuschließen. Dasselbe gilt auch vom Großen Brachvogel, der im Herbst aus Mitteldeutschland in großen Scharen nach der Küste der Ost- und Nordsee wandert. Die in Finnland und Schwedisch-Lappland beheimateten Enten, Schwäne, Regenpfeifer und Rotschenkel überwintern gern an der Nordküste Norwegens. Ihre Zugbewegung verläuft also nach Nordwesten.

Aus allen diesen Beispielen sehen wir, daß die in Laienkreisen weit verbreitete Ansicht, daß die europäischen Zugvögel im Herbst südwärts wandern, keineswegs immer zutrifft. Der Herbstzug findet auch nach anderen Himmelsrichtungen, sogar nach Norden, statt. Die südliche Richtung steht nicht einmal im Vordergrunde, sondern der Wanderflug der meisten europäischen Zugvögel scheint nach Westen und Südwesten zu erfolgen.

Nicht nur durch die Vogelberingung, sondern auch durch unmittelbare Beobachtung des Vogelzuges läßt sich die Vorliebe der Zugvögel für eine ost-westliche Richtung im Herbst feststellen. Dieser Richtung folgen die meisten Vogelscharen, die Helgoland auf der Herbstwanderung überfliegen, und dasselbe gilt auch von den vielen tausend Vögeln, die regelmäßig über Lübeck ziehen. Im Frühjahr erscheinen dann die Vögel in umgekehrter Flugrichtung von West nach Ost.

Infolge der verschiedenen Zugrichtungen kreuzen sich zum Teil die Zugbahnen oder verlaufen geradezu entgegengesetzt. Lachmöwe und Brachvogel wandern zum Teil nach Norden, die Schwalben nach Süden. Der Star und viele andere Vögel ziehen nach Westen und Südwesten, der Weiße Storch, der Neuntöter und der Schwarzstirnwürger fliegen nach Osten. Trotzdem aber ist der Vogelzug kein wirres Durcheinander, sondern die Zugbewegungen verlaufen nach bestimmten, festliegenden Gesetzen, die freilich je nach der Vogelart recht verschieden sind. Dies Netz der vielen Zugbahnen zu entwirren, die Gesetze, nach denen sie verlaufen, zu erkennen, ist die Aufgabe der heutigen Vogelzugforschung, für deren Lösung neben unmittelbarer Beobachtung die experimentelle Forschungsweise durch Vogelberingung das beste Mittel ist.

Betrachten wir noch kurz die Zugverhältnisse in den anderen Erdteilen.

Während in Europa der Zug im Herbst nicht immer in der Richtung der Meridiane erfolgt, sondern auch in der Richtung der Breitengrade, da viele Vögel ihre Zugbewegung in westlicher Richtung beginnen und einige sogar nach Osten wandern, verläuft in Amerika die Wanderung in der allgemeinen Richtung der Meridiane. Die Winterquartiere der im nördlichen und mittleren Nordamerika beheimateten Zugvögel liegen im Gebiet des Golfes von Mexiko, den benachbarten Inseln, in Zentralamerika und in Südamerika.

Die Vögel aus dem nördlichen und mittleren Asien überwintern in Indien, Südchina, Birma, Siam, Anam, auf den Sundainseln und den benachbarten Inselgruppen, in Neuguinea, Nordaustralien, ja einige Arten dehnen ihre Wanderungen in südwestlicher Richtung bis Ost- und Südafrika aus. Ebenso wie für die europäischen Zugvögel umfaßt auch für die asiatischen Arten das Zuggebiet einen ungeheuer weiten Raum, der sich über drei Erdteile erstreckt.

Auch auf der südlichen Hälfte der Erde findet Vogelzug statt. Auch hier geht die Wanderung nach der warmen Zone des Äquators. Da aber diese nördlich des Brutgebietes liegt, so erfolgt der Vogelzug in umgekehrter Weise, der Fortzug geht nach Norden, die Rückkehr nach Süden. Die Zugvögel aus dem südlichen Südamerika ziehen nordwärts nach Brasilien, die Bewohner Südaustraliens überwintern im Norden dieses Erdteils, auf Neuguinea und den benachbarten Inseln.

Sogar die Vögel, welche die warme Zone bewohnen, unternehmen zeitweise Wanderungen, die aber nicht in eine andere klimatische Zone führen. Diese Wanderungen lassen sich also mit den Reisen unserer Zugvögel nicht vergleichen. Sie erfolgen aus Nahrungsmangel. So begeben sich die australischen und afrikanischen Prachtfinken auf die Wanderschaft, um Gegenden mit üppigem Graswuchs aufzusuchen, denn Grassamen bildet ihre Lieblingsnahrung. Die Kolibris, deren Leben im innigsten Zusammenhange mit der Pflanzenwelt

Abb. 10. Meisenschwarm und Großer Buntspecht im Herbstwalde.

steht, kommen und gehen mit dem Blühen und Verwelken der Blumen. Da die verschiedenen Arten der Kolibris bestimmte Blüten bevorzugen, so unternehmen sie weite Wanderungen. Sie suchen diejenigen Gegenden auf, in denen gerade jene Pflanzen in Blüte stehen, an die ihre Lebensbedingungen geknüpft sind.

Da diese Wanderungen der Tropenvögel innerhalb der klimatischen Zone ihrer Heimat erfolgen, so können wir sie nicht als eine Zugbewegung ansehen, sondern es ist mehr ein Streichen. Auch bei uns kommt die gleiche Erscheinung vor. Die Vögel, welche bei uns überwintern, begeben sich im Winter zum Teil auch auf die Wanderschaft, indem sie teils einzeln, teils zu Trupps oder größeren Scharen vereint, das Land nahrungsuchend durchschweifen, ohne jedoch im allgemeinen die Grenzen ihres Verbreitungsgebietes zu überschreiten. Im Unterschied von den Zugvögeln nennen wir diese Vögel „Strichvögel". Man kann wohl sagen, daß die meisten unserer heimischen Vögel, die nicht Zugvögel sind, Strichvögel sind. So scharen sich z. B. die Meisen aller Arten zum Herbst in größerer Zahl zusammen, um dann die Wälder gemeinsam zu durchstreifen. Häufig gesellt sich zu einem Meisentrupp ein Buntspecht, der dann gewissermaßen die Führung der kleinen Gesellschaft übernimmt, wie es die Abbildung zeigt (Abb. 10).

Standvögel, d. h. solche Vogelarten, die jahraus, jahrein zu allen Jahreszeiten in ihrem engeren Heimatsbezirk verweilen und niemals eine Wanderung ausführen, sind bei uns nur wenig Vogelarten. Ein typischer Standvogel ist der Haussperling, der immer an demselben Ort bleibt. Er ist ein außerordentlich kluger, findiger und listiger Vogel, der sich schnell in jede Lage hineinfindet und nirgends zu kurz kommt. Daher leidet er auch im Winter in seiner Heimat, wo es auch sei, keine Not. Er weiß immer noch eine Futterquelle zu finden und sein Recht zu behaupten. Dagegen ist sein Vetter, der Feldsperling, der sich vom Haussperling durch seine rotbraune Kopfplatte unterscheidet und in beiden Geschlechtern gleich gefärbt ist, auch Strichvogel. Er unternimmt bisweilen sogar weite Flüge. Im Weltkriege sah ich

Abb. 11. Sumpfohreule.

im Herbst in Frankreich wiederholt große Schwärme des Feldsperlings in Gegenden, wo er im Sommer als Brutvogel gefehlt hatte.

Ein ausgesprochener Standvogel ist die Elster. Dasselbe gilt auch vom Kolkraben und unseren einheimischen Eulenarten mit Ausnahme der Sumpfohreule, die ein Zugvogel ist (Abb. 11). Sie zieht im Herbst mit den anderen Zugvögeln fort, um in den Mittelmeerländern und in Afrika zu überwintern. Eine im Sommer als Jungvogel in Askania Nova in Taurien beringte Sumpfohreule wurde im Winter bei Budapest erbeutet. Sie hatte also eine Reise von 1150 Kilometern zurückgelegt. Interessant ist die westliche Zugrichtung dieser Eule, die wieder ein Beispiel ist für die Vorliebe der europäischen Zugvögel, nach Westen zu wandern.

Nicht immer läßt sich eine scharfe Trennung zwischen Stand-, Strich- und Zugvogel machen. Die meisten sogenannten Standvögel sind in unseren Breiten auch Strichvögel. Viele Vogelarten sind sowohl Zug- wie Strich- und Standvögel. Dies gilt besonders für unsere heimischen Raubvögel. Durch die Raubvogelberingung der Oberförstereien konnte nachgewiesen werden, daß der Mäusebussard und Sperber, die wir früher bei uns für ausgesprochene Standvögel hielten, auch weite Reisen ausführen, die bis nach der Pyrenäenhalbinsel, beim Bussard sogar bis Afrika führen. So wurde ein in Mecklenburg beringter Mäusebussard im Winter in Abessinien erbeutet. Er hatte also eine Wanderung von nicht weniger als 5200 Kilometer ausgeführt! Für den Turmfalken, der vorzugsweise als Zugvogel galt, ergab die Beringung, daß er bei uns vielfach überwintert, denn zahlreiche nestjung beringte Vögel befanden sich im Herbst und Winter in der näheren Umgebung ihrer Heimat.

In den milderen Gegenden ihres Verbreitungsgebiets ist die Waldschnepfe sowohl Stand- wie Zugvogel. Dies ist, wie schon erwähnt wurde, besonders auf den britischen Inseln der Fall. Auch viele unserer heimischen finkenartigen Singvögel, wie Hänfling, Grünling, Stieglitz und Zeisig, ferner Ammern, Lerchen und Star sind Stand-, Strich- und Zugvögel zugleich.

Häufig haben wir auch die Erscheinung, daß eine Vogelart im Norden ihres Verbreitungsgebiets Zugvogel ist, in den südlichen Heimatsgebieten dagegen Stand- oder Strichvogel. Dies trifft z. B. für den Gimpel zu. Die Gimpel, welche Skandinavien, Finnland und Rußland bewohnen, sind Zugvögel, unsere heimischen Dompfaffen dagegen Stand- und Strichvögel.

Neben den Stand- und Strichvögeln gibt es auch Vögel, die fast dauernd oder doch häufig auf der Wanderschaft sind, unabhängig von der Jahreszeit. Hierzu gehört bei uns der Kreuzschnabel (Abb. 12). Er erscheint heute hier, morgen dort, hält sich vielleicht wochen-, ja monatelang in einer Gegend auf und verläßt sie dann plötzlich, um sich irgendwo anders ein neues Heim zu suchen. Die Ursache seines häufigen Wohnungswechsels liegt in der Art seiner Ernährung. Er lebt bekanntlich vom Samen der Nadelhölzer, und so sucht er sich im dauernden Umherstreifen immer diejenige Waldung zum jeweiligen Aufenthaltsort aus, wo die Nadelhölzer reiche Zapfen angesetzt haben. Infolgedessen hat dieser Vogel auch keine bestimmte Brutzeit. Sie ist nicht wie bei unseren anderen Vögeln an das Frühjahr und den Sommer gebunden, sondern sogar im Winter baut der Kreuzschnabel sein Nest in die schneebedeckten Zweige der Nadelbäume. Er schreitet eben dann zur Fortpflanzung, wenn er in eine Gegend gelangt, wo die Natur ihm und seinen Kindern reichlich den Tisch deckt, ganz gleich, ob dies in der warmen oder kalten Jahreszeit zutrifft. So wechselnd wie seine Lebensweise ist auch die Färbung des Gefieders. Das Weibchen und die jungen Vögel sind unscheinbar graugrün gefärbt, die älteren Männchen dagegen prangen in den verschiedensten Farben. Sie sind bald grün, bald gelb oder auch schön rot gefärbt. Diese Farbenveränderung ist bisweilen, aber keineswegs immer vom Alter abhängig. Auf das grünlichgraue, braun gestreifte Jugendkleid folgt häufig ein gelbes oder grünes Gefieder, das im späteren Alter durch ein rotes Federkleid ersetzt wird. Manche Kreuzschnäbel bleiben aber immer gelb oder grün, ohne die rote Farbe anzulegen, andere erhalten gleich nach dem Jugendkleid ein rotes Gefieder, und wieder andere werden erst gelb, dann rot und mit zunehmendem Alter wieder gelb oder auch grün. Ein Gesetz scheint es in diesem Farbenspiel nicht zu geben, alles geht scheinbar willkürlich durcheinander. Betreff des Farbenwechsels des Gefieders möchte ich noch darauf hinweisen, daß dieser nur durch Mauser oder Strukturveränderung der Feder erfolgt, aber nicht etwa durch eine Umfärbung der Federn. Eine Feder, die völlig ausgebildet ist und einen verhornten Kiel hat, steht mit dem Blutkreislauf nicht mehr in Verbindung und kann daher auch keinen neuen Farbstoff erhalten. Es kann also eine gelbe Feder niemals rot werden. Wenn trotzdem manche Vögel, ohne zu mausern, die Farbe der Federn verändern, so beruht dies auf rein äußere Vorgänge. So erhält z. B. der männliche Bluthänfling, der im Herbst nach der Mauser schlicht graubraun aussieht, im Frühjahr eine rote Brust, ohne daß eine Mauser stattfindet. Diese Farbenveränderung ist eine Folge der Strukturveränderung der Feder. Die rote Farbe hat nämlich ihren Sitz nur in den Ästen der Feder, die am Schaft sitzen, während die Strahlen, die an den Ästen haften, grau sind. Die rote Farbe der Äste wird nun von der grauen Farbe der Strahlen verdeckt. Im Frühjahr fallen die Strahlen ab. Dadurch werden die roten Äste sichtbar, und die Brust des Vogels zeigt nun die schöne rote Farbe. Auch durch Abstoßen der äußeren Federränder kann eine Umfärbung erfolgen, indem hierdurch ebenfalls bisher verdeckte Farben freigelegt werden. Auf diese Weise wird z. B. die Kehle des Gartenrotschwänzchens im Frühjahr rein schwarz, die im Herbst und Winter grau geschuppt aussieht. Die grauen Federränder fallen ab und die schwarze Farbe tritt hervor. Diese kleine Abschweifung zur Erklärung der Farbenveränderung des Gefieders wird vielleicht manchem Leser willkommen sein, da in Laienkreisen noch immer vielfach die Ansicht herrscht, daß die Feder ihre Farbe durch Pigmentwechsel verändern könne, was aber nicht der Fall ist.

Ebenso wie der Kreuzschnabel treibt es auch der Rosenstar, ein herrlicher, zart rosafarbener Vogel mit schwarzen Flügeln, schwarzem Schwanz und Kopf, den ein Federbusch ziert (Abb. 12). Seine eigentliche Heimat sind das südöstliche

Abb. 12. Kreuzschnabel und Rosenstar.

Europa und die angrenzenden Länder Asiens bis Turkestan. Auch der Rosenstar führt ein unstetes Leben, indem er den Zügen der Heuschrecken, die seine Lieblingsspeise sind, folgt, und infolgedessen bald hier, bald dort erscheint, um kürzeren oder längeren Aufenthalt zu nehmen. Seine Streifereien dehnt er mitunter sehr weit aus, indem er sogar die Grenzen seines weiten Verbreitungsgebietes überschreitet. So erscheint er in unregelmäßigen Zwischenräumen in fast allen Teilen Europas, sogar in dem seiner Heimat weit entfernten Norden, wie in Finnland und Lappland. Aber auch nach Südwesten dringt er weit vor und hat im Jahre 1875 zu Tausenden bei Verona in Italien gebrütet, um dann wieder aus dieser Gegend zu verschwinden.

Vögel, die wie Rosenstar und Kreuzschnabel keinen festen Wohnsitz haben, sondern unstet umherwandern, nennt man „Zigeunervögel".

Bei den Standvögeln tritt manchmal auch ein plötzlicher Drang zum Wandern auf, und zwar sind es ganz bestimmte Arten, die diese Eigenschaft zeigen. Hierzu gehören der sibirische Tannenhäher und das Steppenhuhn.

Der Tannenhäher (Abb. 13) ist ein zu den rabenartigen Vögeln gehörender Vogel, dessen Gefieder auf braunem Grunde weiß gefleckt ist. Man unterscheidet zwei Arten: den Dickschnäbligen und den Dünnschnäbligen Tannenhäher. Ersterer brütet im nördlichen und mittleren Europa bis zu den Alpen und Pyrenäen. Bei uns in Deutschland ist er besonders im Harz und Thüringer Walde heimisch. Der Dünnschnäblige Tannenhäher ist im nördlichen Asien zu Hause. Beide Formen unterscheiden sich, wie schon ihre Namen sagen, durch die Gestalt des Schnabels, der bei dem europäischen Vogel dicker und kürzer, bei dem Asiaten spitzer und schlanker ist. Der asiatische Tannenhäher ist Stand- und Strichvogel, der nur in sehr strengen Wintern seine Heimat verläßt. Bisweilen aber begeben sich unabhängig von der Jahreszeit große Scharen dieser Vögel auf die Wanderschaft. Sie verlassen ihre Heimat, streben anscheinend ziellos in die Ferne und erscheinen dann in Gegenden, die weit von ihrem Verbreitungsgebiet entfernt sind. So wurden schon bei uns in Deutsch-

Abb. 13. Dünnschnäbliger Tannenhäher.

land wiederholt derartige Tannenhäherzüge beobachtet. Die auf der Wanderschaft begriffenen Vögel dehnen ihre Reisen immer weiter aus und besuchen Skandinavien, Dänemark und Frankreich, ja wagen sogar den Flug über das Meer nach England. Eine umfangreiche Invasion des sibirischen Tannenhähers fand im Jahre 1917 statt. Auf der Vogelwarte Rossitten wurde damals eine größere Anzahl der Vögel eingefangen, beringt und wieder freigelassen. Sie setzten ihre Wanderung nach Südwesten, in das Innere Deutschlands und nach Österreich fort.

Man darf wohl annehmen, daß es Nahrungssorgen sind, die den Dünnschnäbligen Tannenhäher auf die Wanderschaft treiben. Seine Hauptnahrung sind Zirbelnüsse, und tragen die Zirbelkiefern in einem Jahre nur spärliche Frucht, dann sehen sich die Vögel zur Auswanderung genötigt.

Ähnlich liegen die Verhältnisse bei dem asiatischen Steppenhuhn (Abb. 14), einem eigentümlichen Laufvogel mit fehlender Hinterzehe, dicht befiederten Beinen und Zehen, sehr langen und spitzen Flügeln und in lange, dünne Spitzen auslaufenden Schwanzfedern. Der Name Steppenhuhn ist wohl gewählt worden, um anzudeuten, daß diese Vögel nach Art der Hühner auf dem Boden leben. Sonst aber haben sie mit den Hühnern nichts zu tun, sondern stehen den Tauben nahe. Die Systematik hat die Steppenhühner zu einer besonderen Ordnung erhoben, da sie wegen ihrer eigenartigen Merkmale sich in keine andere Vogelgruppe einreihen lassen.

Das etwa taubengroße Steppenhuhn ist sandfarben gefärbt mit dunklen Wellenzeichnungen und Flecken. Ebenso wie der sibirische Tannenhäher verläßt bisweilen das Steppenhuhn seine Heimat und erscheint dann in großen Scharen in Europa. Die größten Einwanderungen fanden in den Jahren 1863 und 1888 statt, in denen die Steppenhühner in gewaltigen Schwärmen, zu vielen Tausenden, fast ganz Europa durchzogen und sogar den Flug über das Meer nach England wagten. Ebenso wie beim Tannenhäher bildet wohl starker Nahrungsmangel die Ursache zu dem plötzlichen Wandertrieb.

Eigentümlich ist es, daß die zeitweisen Wanderungen die-

Abb. 14. Steppenhuhn.

ser asiatischen Standvögel immer nach Westen gerichtet sind. Sie gelangen dann in die Kulturländer Europas, die ihnen keine Lebensbedingungen geben, wo also die Verhältnisse noch ungünstiger liegen als in der Heimat. Dieser Drang nach Westen, der ja auch bei unseren Zugvögeln in Erscheinung tritt, ist eine höchst merkwürdige Erscheinung, auf die ich bereits in meinen „Rätseln des Vogelzuges" hingewiesen habe. Vielleicht hängt er, wie ich dort ausgesprochen habe, mit der Bewegung der sich von Ost nach West drehenden Erde zusammen, die vielleicht in der Tierseele die Empfindung erzeugt, diese Bewegung durch eine Bewegung in entgegengesetzter Richtung auszugleichen. Auch die großen Völkerwanderungen am Ende des Mittelalters verliefen von Ost nach West, der Erdrotation entgegen. Sollte auch hier für die westliche Richtung derselbe Grund vorliegen? Dann dürften die westlichen Wanderungen der Völker und der Vögel in naher Beziehung zueinander stehen. In beiden Fällen handelt es sich um Nahrungssorgen und die Absicht, die Lebensbedingungen zu verbessern, in beiden Fällen geht die Wanderung nach Westen, der Drehung der Erde entgegen! Dies ist freilich nur ein rein theoretischer Gedanke, der erst noch einer weiteren Prüfung bedarf. Wenn der Drang nach dem Westen auf ein Gefühl für die Erddrehung beruht, dann müßte freilich auch ein Organ vorhanden sein, daß diese Empfindung vermittelt, worüber jedoch noch nichts bekannt ist.

Eigentümlich ist, daß die wandernden Tannenhäher und Steppenhühner ihren westlichen Flug immer weiter fortsetzen, ohne an eine Rückkehr zu denken. Es wurde noch niemals ein Rückzug wahrgenommen. Die Scharen der umherirrenden Vögel werden immer kleiner, ihre Reihen lichten sich, bis schließlich die Vögel ganz verschwinden. Man muß also annehmen, daß die Tiere zugrunde gehen. Sie finden in dem fremden Lande keine besseren, sondern im Gegenteil schlechtere Lebensbedingungen und die Möglichkeit zur Umkehr in die ferne Heimat fehlt infolge ihres wohl geringer ausgebildeten Orientierungssinnes als Standvögel.

Die Wanderungen dieser Vögel wiederholen sich in unregelmäßigen Zeiträumen. Der Verlauf ist im wesentlichen stets der gleiche, indem der Flug westwärts geht und die Vögel auf der Wanderung ihren Untergang finden.

Schließlich sind noch die sogenannten „Irrgäste" zu erwähnen. Mit „Irrgästen" bezeichnet man solche Zugvögel, die plötzlich in einer Gegend erscheinen, die außerhalb ihres eigentlichen Zuggebiets liegt. Man darf also vermuten, daß diese Vögel auf dem Zuge verschlagen wurden, so daß sie die normale Zugrichtung verloren und das Winterquartier nicht finden konnten. So erscheinen hin und wieder Zugvögel aus Asien bei uns, wie z. B. die sibirische Drossel (*Turdus sibiricus Pall.*), die Golddrossel (*T. dauma Hol.*), die Naumannsdrossel (*T. naumanni Temm.*), die Schwarzkehldrossel (*T. atrogularis Temm.*) und der Gelbbrauige Laubsänger (*Phylloscopus superciliosus Gm.*).

Das Steinrötel (*Monticola saxatilis L.*), das Südeuropa und die gleichen Breiten Asiens bewohnt, erschien im Jahre 1920 in je einem Exemplar auf der Kurischen Nehrung und auf Helgoland. Diese beiden Vögel hatten also ihre Zugbewegung in ganz ungewohnter Weise nach Norden ausgeführt.

Sogar amerikanische Vögel finden sich als Irrgäste bei uns ein, wie die Wanderdrossel und die reizenden Zwergdrosseln. Daß diese Vögel wohl nicht über den Ozean nach Europa gelangen, sondern wahrscheinlich auf dem Landwege über Alaska, die Behringstraße und Asien, wurde schon erwähnt. Dagegen führte einen Flug über den Atlantischen Ozean ein in England beringter Kiebitz aus, der in Neufundland erbeutet wurde. Die englischen Kiebitze, wie überhaupt viele andere Brutvögel Englands, überwintern gern auf Irland. Dieser Kiebitz war vermutlich durch ein Unwetter verschlagen worden. Er hatte im Nebel Irland nicht gefunden, oder war durch Sturm seitwärts vorbeigetrieben worden, setzte dann die Zugbewegung nach Westen fort, bis er im Atlantikflug in der Neuen Welt landete.

Einen Flug von Amerika nach der Westküste Afrikas führte eine Seeschwalbe aus, die an der Muscongus-Bai im Staate Maine beringt war und später im Nigerdelta tot aufgefunden wurde.

Solche Verirrungen der Zugvögel mögen öfter vorkommen, als es den Anschein hat, denn viele Irrgäste, ja wohl die meisten werden nicht bemerkt, besonders wenn sie im Binnenlande auftreten, wo sie vom Laien nicht erkannt werden. Sehr viel günstiger liegt die Sache an solchen Orten, wo der Vogelzug von fachkundiger Seite beobachtet und eingehend kontrolliert wird, wie es z. B. auf Helgoland der Fall ist. So verdanken wir Gätke zahlreiche und sehr wertvolle Nachrichten über das Auftreten fremdländischer Irrgäste auf Helgoland, worüber er in seiner „Vogelwarte Helgoland" ausführlich berichtet hat. Von den zahlreichen Vogelarten, die Gätke als Irrgäste anführt, seien hier folgende genannt: Rötelfalk und Zwergohreule, beide in Südeuropa heimisch, verschiedene südeuropäische Laubsänger, der Wüstensteinschmätzer aus der Sahara, amerikanische und asiatische Pieper und Drosseln, Kurzzehenlerche und Kalanderlerche aus dem Mittelmeergebiet, die asiatische Zwergammer, der südeuropäische Zitronenfink, Alpenschwalbe, Alpensegler und Bienenfresser aus Südeuropa, der amerikanische Goldregenpfeifer und die Schneegans aus dem arktischen Amerika.

Auffallend ist es, daß unter diesen fremdländischen Irrgästen sich viele Vogelarten befinden, deren Heimat südlich liegt, die also nordwärts gezogen sind.

Aus den angeführten Beispielen sehen wir, daß die Ortsveränderungen, die die Vögel vornehmen, sehr verschiedenartig sind. Wir müssen hiernach unterscheiden:

1. *Standvögel.* Sie bleiben zu allen Jahreszeiten in ihrem engeren Heimatsbezirk, ohne jemals den Aufenthalt zu wechseln.

2. *Strichvögel.* Sie streichen im Winter nahrungsuchend innerhalb ihres Verbreitungsgebiets umher.

3. *Zugvögel.* Sie verlassen alljährlich zu bestimmter Jahreszeit ihre Heimat und begeben sich in Länder mit milderem Klima, um hier den Winter zu verbringen. Im Frühjahr erfolgt regelmäßig die Rückkehr in die Heimat zur Fortpflanzung. Fortzug und Heimkehr sind gesetzmäßig geregelt.

4. *Wanderer.* Als Wanderer bezeichnen wir solche Standvögel, die hin und wieder in unregelmäßiger Zeitfolge ihre

Heimat verlassen, um fremde Gegenden aufzusuchen, die außerhalb der Grenzen ihres Verbreitungsgebietes liegen. Im Gegensatz zum „Zuge" sind diese Wanderungen an keine bestimmten Zeiten gebunden, sondern erfolgen ganz unregelmäßig, wenn Übervölkerung oder Nahrungsmangel in der Heimat sich unheilvoll bemerkbar machen. Meist findet keine Rückkehr in die Heimat statt, sondern die Wanderer gehen zugrunde.

5. *Zigeunervögel.* Vögel, die nicht seßhaft sind, sondern sich viel umhertreiben, um jeweilig günstige Nahrungsplätze aufzusuchen und hier zu brüten.

6. *Irrgäste.* Zugvögel, die aus der normalen Zugrichtung abgelenkt sind und in fremde Gegenden verschlagen werden, die außerhalb des Zuggebiets liegen.

V. Wie orientieren sich die Zugvögel?

Wir sahen in dem vorhergehenden Kapitel, daß die Flugrichtungen der Zugvögel sehr mannigfach sind und die Lage der Winterquartiere recht verschieden sein kann. Da liegt vor allem die Frage nahe, woher weiß der Zugvogel, wo seine Winterherberge liegt und auf welche Weise ist er imstande, sie aufzufinden?

Bei der Beantwortung dieser Frage müssen wir unterscheiden, ob die betreffende Vogelart gesellig zieht, ob auf dem geselligen Zuge eine Trennung nach dem Alter stattfindet, oder ob der Flug einsam erfolgt.

Findet auf dem Zuge eine Vereinigung der jungen und alten Vögel statt, so kann man annehmen, daß die alten Vögel, die den Weg schon öfter zurücklegten und ihn daher kennen, die Führung übernehmen. Unter der Führung der Alten lernen die jungen Vögel den Weg und die Lage der Winterherberge kennen. Die Kenntnis der Zugwege beruht hier also auf Überlieferung.

Ganz anders liegen die Dinge bei jenen Vögeln, die auf dem Zuge eine Trennung nach dem Alter vornehmen, indem die Jungen schon vor ihren Eltern die Heimat verlassen und die Reise allein ausführen, wie es z. B. beim Star der Fall ist, ferner bei jenen Vögeln, die einzeln ziehen, wie es viele Raubvögel, der Kuckuck und der Wiedehopf tun.

Da begibt sich der junge Kuckuck, der im Nest eines Rotkehlchens oder einer Bachstelze das Licht der Welt erblickte und niemals mit Artgenossen in nähere Berührung kam, plötzlich im August auf die Reise und schlägt den Weg ein, den seit Jahrtausenden seine Vorfahren gewandert sind und der ihn mit Sicherheit ins tropische Afrika, seine Winterherberge, führt. Er erreicht auf unbekanntem Wege ein ihm unbekanntes Land, obwohl er keine Kenntnis von geographischen Verhältnissen besitzt und auch keine Anhaltspunkte hat, denn er hat ja den Weg noch niemals zurückgelegt. Der kleine Zugvogel löst also spielend die Aufgabe: „Gehe auf unbekanntem Wege in ein unbekanntes Land"; und vollbringt eine Leistung, die uns Menschen trotz Vernunft und Verstand unmöglich erscheinen muß.

Wenn aber das Tier mit seinem viel geringeren Geistesvermögen eine solche Tat zu verrichten vermag, so geht hieraus schon hervor, daß es sich nicht um eine zielbewußte, verstandesmäßige Geistestätigkeit handeln kann, sondern daß andere Kräfte dabei im Spiel sein müssen.

Man hat alle möglichen Theorien ersonnen, um das Pfadfinden des Zugvogels zu erklären. Sie alle gipfeln darin, daß äußere Einflüsse dem Zugvogel die Richtung des Fluges vorschreiben. So glaubt man, diese äußeren Einflüsse in den verschiedenen Faktoren der Witterung erblicken zu können. Man meint, daß die Zugvögel den Luftströmungen folgen. Im Herbst sollen die rauhen Nordwinde den Vogel nach dem Süden treiben, im Frühjahr der milde Südwind, vor allem der Föhn, den Flug nach Norden veranlassen. Hiergegen läßt sich aber ins Feld führen, daß die Zugrichtung in Europa gar nicht unmittelbar zwischen Nord und Süd verläuft, sondern auch zwischen Osten und Westen. Außerdem konnte ich selbst oft genug feststellen, daß der Vogelzug durchaus nicht immer mit dem Winde erfolgt, sondern auch gegen den Wind oder bei Seitenwind.

Andere Forscher meinen, daß die nach Süden zunehmende Wärme dem Vogel auf der Reise in das Winterquartier die Richtung angibt. Hiergegen läßt sich der Einwand erheben, daß der Flug nach Süden nur vom allgemeinen Gesichtspunkt aus der zunehmenden Wärme entgegengeht, daß dies aber nicht immer in jedem einzelnen Falle zutrifft. Es kann sehr wohl im Herbst eine Wetterlage herrschen, bei der es vorübergehend in südlichen Gegenden kälter ist als in nördlichen Gebieten. Dann müßte der Zugvogel ja plötzlich die Flugrichtung ändern und wieder zurückfliegen. Außerdem paßt die Wärmetheorie nur für den Herbstzug, aber nicht für den Frühjahrszug, der den Vogel aus dem heißen Tropengebiet in das bedeutend kühlere Klima seiner nördlichen Heimat führt. Hier fliegt der Vogel nicht einem wärmeren, sondern einem kälteren Klima entgegen.

Eine andere Theorie bezeichnet den Verlauf der barometrischen Depressionen als den Wegweiser der Zugvögel, eine Annahme, die einer eingehenden Prüfung auch nicht standhalten kann. Der Verlauf der Depressionen ist so unregelmäßig, daß die Vögel in den verschiedenen Zugperioden in ganz verschiedener Richtung wandern würden. Es wäre keine Gewähr geleistet, daß der Vogel im Herbst in sein Winterquartier und im Frühjahr wieder in die Heimat gelangen würde.

Nach einer anderen Auffassung soll dem Zugvogel ein magnetisches Gefühl innewohnen, das ihn im Frühjahr nach Norden treibt. Diese Möglichkeit der Orientierung würde nur für den Rückzug, aber nicht für den Fortzug passen, bei dem sich der Vogel ja gerade vom magnetischen Pol entfernt.

Alle diese Theorien bleiben lückenhaft und sind daher nicht geeignet, die schwierige Frage nach der Orientierung der Zugvögel zu beantworten.

Im Leben der Vögel spielen die angeborenen Triebe eine große Rolle. Dies kann man so recht erkennen, wenn man junge Vögel ihren Eltern raubt und isoliert in Gefangenschaft aufzieht. Ich habe für meine Tierbeobachtungen sehr viel junge Vögel mit der Hand aufgefüttert und mich immer wieder überzeugen können, daß sie im Alter alle Lebensgewohnheiten, wie sie für die verschiedenen Vogelarten charakteristisch sind, sich genau so aneignen wie die in der Freiheit unter der Obhut ihrer Eltern herangewachsenen Geschwister. Dies gilt besonders von der Art des Nahrungserwerbs. Kein Vogel bedarf einer Anleitung, wie er seine Nahrung zu suchen hat, seitens der Eltern. Sobald der junge Vogel selbständig wird, weiß er von allein, wie er sich beim Erwerb der Nahrung zu verhalten hat. Der junge, von Menschenhand aufgezogene Star beginnt, wenn er flügge geworden ist, die Ritzen in den Dielen des Fußbodens mit dem Schnabel abzuzirkeln in derselben Weise, wie der alte Star in der Freiheit die Rasenfläche nach Regenwürmern absucht. Der Würger, den wir ganz jung dem Nest entnahmen und ohne Gesellschaft anderer Würger aufwachsen ließen, spießt auf einem im Käfig angebrachten Dornzweig oder Nagel Mehlwürmer und Fleischstückchen auf, um sich einen Galgen mit Futtervorrat für karge Zeit anzulegen, wie das der Würger in der Freiheit tut. Alle diese Handlungen beruhen also auf angeborenen Trieben, die automatisch in der Vogelseele erwachen, ohne daß es einer Anleitung bedarf. Der Laie glaubt ja meist, daß die jungen Raubvögel von ihren Eltern im Jagen und Rauben angelernt werden. Diese Ansicht ist aber durchaus nicht richtig, wie ich durch einen Baumfalken belehrt wurde, den ich als Dunenjunges erhalten und selbst aufgezogen hatte. Auch später, als der Vogel flügge geworden war, fütterte ich ihn stets auf der Hand mit kleinen Fleischstückchen, gab ihm aber niemals einen unversehrten Vogel oder eine Maus zum Zerkleinern, in der Hoffnung, dadurch die Raubgier zu unterdrücken. Der Falke, der freien Flug im Zimmer hatte, beachtete auch die übrigen Käfigvögel gar nicht und unternahm keinen Angriff auf sie. Das harmlose Verhalten des Raubvogels gegen die anderen Zimmervögel glaubte ich auf den fehlenden Unterricht im Beutemachen zurückführen zu können. Diese Vermutung war aber ein Irrtum, wie mich folgendes Ereignis belehrte. Eines Tages entwich eine Goldammer aus ihrem Käfig. Der Falke saß ruhig auf dem Ofensims, seinem gewohnten Ruheplatz. Als die Ammer durch das Zimmer flog, stürzte der Falke sofort auf den Vogel, ergriff ihn mit den Fängen, blockte auf dem Ofen auf und tötete sein Opfer durch einen Biß in den Schädel. Dann rupfte er die Beute und begann zu kröpfen, indem er einzelne Fleischstücke abriß. Der Baumfalke jagt ja bekanntlich ebenso wie der Wanderfalke seine Beute im Fluge. Der Anblick des durch das Zimmer fliegenden Vogels hatte also den Trieb zum Beutemachen in dem zahmen Baumfalken automatisch ausgelöst. Auch die Tötung der Beute, das Rupfen der Federn und die Art und Weise des Kröpfens erfolgte durchaus in der für den Baumfalken typischen Weise. Hieraus geht unzweideutig hervor, daß der Raubvogel keine Anleitung für seinen Nahrungserwerb nötig hat, sondern daß dies eine angeborene Triebhandlung ist.

Das Anlegen von Vorratskammern für den Winter, wie es Meisen und Kleiber tut, beruht ebenfalls auf Triebhandlung, wie ich mich oft genug an jung dem Nest entnommenen und aufgezogenen Vögeln überzeugen konnte. Sobald es zum Herbst geht, stopfen sie die Ritzen des Käfigs voll Körner, obwohl sie es niemals von anderen Vögeln gesehen haben und noch gar keine Wintersnot kennenlernten. Die Vögel gehorchen also lediglich einem angeborenen Triebe, der zu bestimmter Zeit ganz automatisch erwacht, ohne daß sie von dem Zweck ihrer Handlungsweise überhaupt etwas wissen oder ahnen. Sogar die Technik des Nestbaues ist dem Vogel angeboren, denn der junge Vogel, der zum ersten Male zur Fortpflanzung schreitet, baut sein Nest in der für seine Art typischen Form, ohne daß er einen Unterricht in der Kunst des Nestbaues empfängt. Derartige Beispiele lassen sich noch in reicher Anzahl aus dem Leben der Vögel anführen. Sie zeigen uns die große Bedeutung der angeborenen Triebhandlungen für die Verrichtung der Lebensnotwendigkeiten der Vögel.

Bei Besprechung der Ursachen des Zuges sahen wir, daß die Zugbewegung nicht erst durch äußere Einflüsse ausgelöst wird, sondern durch einen im Vogelkörper periodisch erwachenden Trieb. Also auch bei dem Zuge der Vögel spielt die Triebhandlung eine große Rolle. Es liegt daher die Annahme sehr nahe, daß vielleicht auch für die Orientierung der Zugvögel eine Triebhandlung in Frage kommt, und so dürfen wir vermuten, daß zugleich mit dem Zugtrieb, der den Zug automatisch in Bewegung setzt, auch das Gefühl für die richtige und zweckmäßige Richtung des Fluges angeboren ist, das dem Vogel ganz automatisch den Weg vorschreibt. Durch eine solche Erklärung, die ich zuerst in meinen „Rätseln des Vogelzuges" ausgesprochen habe, würde die Frage nach der Orientierung der Zugvögel, die den Ornithologen schon soviel Kopfzerbrechen gemacht hat, ohne Schwierigkeit sich lösen lassen. Zur Bekräftigung einer solchen Behauptung gehören freilich Beweise. Sie lassen sich aus den Ergebnissen der Vogelberingung beibringen. Ein in Gefangenschaft gehaltener junger Storch, der noch niemals nach Afrika gezogen war, also den Reiseweg nicht kannte, entwich in Marburg an der Drau seinem Besitzer im Herbst, als die freilebenden Störche lange fortgezogen waren. Der Vogel wurde dann im Winter in Italien erbeutet. Der Storch, der ohne Führung seiner Eltern sich auf die Reise begeben hatte, war also nicht imstande gewesen, die Storchzugstraße, die in diesem Falle über den Balkan und Kleinasien nach Afrika geführt hätte, zu finden, er war einfach, wohl einem instinktiven Gefühl folgend, nach Süden geflogen. Man darf daher vermuten, daß die südliche Flugrichtung auf einer angeborenen Triebhandlung beruht, die vielleicht alle Zugvögel besitzen. Die Berechtigung einer solchen Annahme wird bestätigt durch einen zweiten beringten Jungstorch, der nach dem Fortzug der Wildstörche auf der Vogelwarte Rossitten freigelassen wurde. Er wurde im Winter in Griechenland erlegt. Dieser Storch war also ebenfalls südlich gewandert, denn Griechenland liegt ungefähr südlich der Kurischen Nehrung. Neuerdings unternimmt die Vogelwarte Rossitten diese Versuche mit Störchen im größeren Umfange. Es werden gefangene Jungstörche einzeln in Freiheit gesetzt nach dem Abzug der Wildstörche, um zu prüfen, welche Richtung sie auf dem Fluge einschlagen und ob sie imstande sind, ohne Führung der Alten den Weg nach Afrika zu finden. Die Anregung zu diesen sehr interessanten Versuchen dürfte wohl die von mir in meinen „Rätseln des

Vogelzuges" aufgestellte Theorie von der Erblichkeit der Zugrichtung gegeben haben. Ich habe hier diesen Gedanken in folgender Weise zum Ausdruck gebracht:

„Wie weit die Fähigkeit der Zugvögel, instinktiv einer bestimmten Richtung zu folgen, reichen mag, das entzieht sich freilich noch unserer Kenntnis. Für die beiden Störche, die ohne Führung erfahrener Artgenossen nach Italien und Griechenland wanderten, läßt sich zunächst nur ein Gefühl für die allgemein südliche Richtung nachweisen. Diese anscheinend angeborene Tendenz, im Herbst nach Süden zu fliegen, gibt dem Storch jedenfalls Gewähr, auch ohne Führung nach einem geeigneten Winteraufenthalt zu gelangen. Andererseits genügt sie noch nicht, um ihn die richtige Zugstraße, die in diesem Falle über Kleinasien und Palästina führt, finden zu lassen. Dies ist vielmehr Sache der Nachahmung und Disziplin. —

Wenn wir auch annehmen, daß der Zugvogel einen angeborenen Orientierungssinn besitzt, so müssen doch noch gewisse Reize hinzukommen, die diesen Trieb auslösen, denn wir dürfen nicht vergessen, daß alle automatischen Bewegungen Reaktionen auf Reize darstellen. Ein Teil dieser Reize kann freilich aus dem Körper selbst stammen. So kann die Tendenz, nach einer allgemeinen Himmelsrichtung zu fliegen, eine angeerbte physiologische Eigenschaft sein, die vielleicht mit einem Gefühl des Tieres für die Kardinalpunkte der Windrose zusammenhängen mag. Dagegen kann man eigentlich kaum annehmen, daß die Zugvögel auf Grund reiner Vererbung erst einige hundert Kilometer in einer bestimmten Richtung fliegen, dann diese plötzlich wechseln, um nach einer bestimmten Zeit wiederum auf Grund reiner Vererbung den Weg abermals zu ändern. Und doch kann man eine solche Annahme nicht ganz von der Hand weisen. Einen Fingerzeig geben die eigenartigen Zugverhältnisse des Rotrückigen Würgers und seiner asiatischen Verwandten. Die europäischen Rotrückenwürger beginnen die Zugbewegung im Herbst nach Osten und gelangen so über den Balkan nach Kleinasien, wo dann die Richtung plötzlich rechtwinklig geändert wird durch ein Abbiegen nach Süden. Vielleicht noch eigenartiger ist der Verlauf des Zuges der chinesischen Rasse der Rotschwanzwürger (*lucionensis*). Diese Vögel schwenken plötzlich von ihrem an der Ostküste Chinas entlangführenden Zuge in der Höhe der Insel Formosa rechtwinklig ab und fliegen über das Meer nach der genannten Insel. In Formosa wechseln die Vögel wieder die Richtung. Sie ziehen nach Süden und streben im Fluge über das Meer den Philippinen zu. Die Flugrichtung wird also in verhältnismäßig kurzer Zeit zweimal rechtwinklig verändert. Sie führt aus südlicher Richtung an der Küste Chinas ruckweise nach Osten, um dann bald darauf auf Formosa wieder plötzlich nach Süden sich zu wenden. Da nach den bisherigen Beobachtungen bei den Rotrückigen Würgern auf dem Zuge eine Trennung nach dem Alter stattzufinden scheint, so läßt sich die Kenntnis dieser komplizierten Wanderwege in diesem Falle nicht auf Tradition, d. h. auf eine Übermittelung von der älteren Generation auf die jüngere, zurückführen. Wir kommen somit nicht um die Vermutung herum, daß auch das Innehalten eines komplizierten Zugweges, der seine Richtung mehrfach ändert, eine angeborene, d. h. erbliche Eigenschaft sein kann.

Ich möchte aber nochmals betonen, daß die Annahme, daß die Zugvögel einen komplizierten Wanderweg auf Grund reiner Vererbung automatisch auffinden können, lediglich eine auf Vermutung aufgebaute Hypothese ist, deren Richtigkeit zunächst davon abhängt, ob auch wirklich beim Rotrückenwürger und seinen asiatischen Verwandten eine scharfe Trennung auf dem Zuge nach dem Alter stattfindet. Dies zu ergründen wäre eine der wichtigsten Aufgaben der weiteren Vogelzugforschung.

Ganz anders als bei den Würgern scheinen die Dinge beim Weißen Storch zu liegen. In der Gefangenschaft erzogene Jungstörche, die man im Spätherbst nach dem Abzug der freilebenden Störche fliegen ließ, vermochten nicht die typische Storchzugstraße zu finden, sondern sie schlugen einfach eine südliche Zugrichtung ein und landeten in Italien und Griechenland. Hier liegt also keine Erblichkeit einer komplizierten Zugrichtung vor. Der Zug nach Süden deutet nur auf ein angeborenes Richtungsgefühl für die allgemein südliche Richtung hin. Bei den Störchen spielt also bei der Orientierung die Führung der älteren Vögel die ausschlaggebende Rolle.

Auf Grund aller dieser Erwägungen lassen sich zwei Arten der Orientierung unterscheiden: die grobe und die feine Orientierung. Die grobe Orientierung ist das Innehalten einer allgemeinen Richtung, also z. B. im Herbst nach Süden zu fliegen. Sie ist wohl allen Zugvögeln, auch den gesellig ziehenden Arten, angeboren. Die feine Orientierung ist die Fähigkeit, einen komplizierten Wanderweg, dessen Richtung sich mehrfach ändert, zurückzulegen. Auch diese feine Orientierung kann vielleicht angeboren sein, wie aus den Zugverhältnissen der Würger hervorgeht, sie kann aber auch als erblicher Faktor fehlen, wie wir es bei den Störchen sehen. Dann tritt an Stelle dieses fehlenden Sinnes die Tradition, d. h. die Führung der jüngeren Generation durch die ältere.

Wenn wir im Wesen des Vogelzuges hauptsächlich eine automatische Seelenfunktion erblicken, so wird damit die schwierige Frage, wie der junge Zugvogel, der die Wanderung zum ersten Male ausführt, die weit entfernte, unbekannte Winterherberge findet, von selbst gelöst: Der Vogel fliegt auf seinem Herbstzuge überhaupt nicht einem bestimmten Ziele entgegen, sondern die Richtung wird ihm entweder von einem angeborenen Richtungsgefühl, das ihm automatisch den Weg vorschreibt, gegeben, oder sie wird ihm von älteren Artgenossen, die den Weg schon kennen, übermittelt. In dieser Richtung erfolgt der Zug wieder rein automatisch solange, als der Zugtrieb rege ist. Erlischt dieser, dann hört die Zugbewegung auf, und der Vogel befindet sich nun im Winterquartier. Die Dauer des Zugtriebes, die bis zur Winterherberge zurückzulegende Flugstrecke und die Fluggeschwindigkeit sind offenbar von der Natur so abgestimmt, daß bei normaler Zeit des Zugtriebes und normaler Fluggeschwindigkeit die Ankunft in der Winterherberge verbürgt ist.

Das Winterquartier wird von dem Zugvogel nicht zielbewußt gesucht, sondern das Ziel der Reise ergibt sich aus dem Erlöschen des Zugtriebes automatisch von selbst. Hierdurch läßt es sich auch erklären, weshalb manche Vögel so weit ziehen und beispielsweise bis nach Südafrika wandern, während sie doch ebensogut in den Mittelmeerländern überwintern könnten. Die Ursache dieser Erscheinung liegt offenbar lediglich in einem besonders stark entwickelten Zugtriebe, der sich noch aus früherer Zeit, die infolge klimatischer Verhältnisse eine weite Wanderung verlangte, erhalten hat."

Diese Ausführungen über die Orientierung der Zugvögel gelten natürlich zunächst nur für jene Zugvögel, die schon im Hochsommer ihre Heimat verlassen und in tropischen Gebieten überwintern, wie es der Weiße Storch, der Schwarzstorch, der Kuckuck, Segler und viele Singvögel tun. Anders mag vielleicht die Sache bei jenen Vögeln liegen, die erst zu Beginn des Winters ihre Zugbewegung beginnen, um eisfreie Gebiete aufzusuchen, wie es für die hochnordischen Schwimmvögel zutrifft. Sie folgen auf der Wanderung der Festlandsküste, die ihnen wohl die Richtung angibt. Freilich muß die Reise in allgemein südlicher Richtung verlaufen, wenn der Vogel mildere Gegenden, wo der Winter weniger hart ist, erreichen will. So mag auch hier vielleicht eine automatische grobe Orientierung durch ein angeborenes Gefühl für die südliche Himmelsrichtung in Frage kommen, während die feine Orientierung nach dem Gelände erfolgt, indem die Vögel bei ihrem Zuge den Küsten folgen.

VI. Verlauf der Reise.

In den vorhergehenden Kapiteln sahen wir, daß die Witterungsverhältnisse weder die Zugbewegung auslösen noch dem Zugvogel die Richtung auf der Reise angeben. Hiermit ist freilich noch nicht gesagt, daß das Wetter auf den Zug ganz ohne Einfluß ist. Es ist sehr wohl möglich, daß ein Zusammenhang zwischen der Zugbewegung und der Witterung besteht, indem gewisse Wetterlagen den Zugtrieb fördern oder aber hemmend auf die Zugbewegung einwirken. Die Frage, ob und inwieweit der Vogelzug vom Wetter abhängig ist, hat den Ornithologen schon viel Kopfzerbrechen verursacht, und trotz aller eifrigen Forschung ist sie noch immer nicht geklärt. Das Thema „Vogelzug und Witterung" ist in unendlich zahlreichen Arbeiten in der ornithologischen Literatur behandelt worden. Besonders die österreichischen und ungarischen Forscher haben sich eingehend damit befaßt. Man hat viele Theorien aufgestellt, die sich aber zum großen Teil widersprechen. Einmal soll hoher Luftdruck die Zugbewegung begünstigen, das andere Mal wird diese Wirkung gerade dem niedrigen Luftdruck zugeschrieben. Andere Forscher meinen, daß nicht die absolute Höhe des Luftdrucks maßgebend sei, sondern die Gleichmäßigkeit, wie sie ein flacher Gradient erzeugt. Wieder andere Gelehrte sind entgegengesetzter Ansicht. Ferner glaubt man, daß die Temperatur und die Luftströmungen die Zugbewegung beeinflussen. So sind alle möglichen Theorien gebildet worden, die sich freilich durch eine große Anzahl Beispiele bekräftigen lassen, aber andererseits auch durch Auswahl solcher Beispiele, die hierfür nicht passen, ebensogut widerlegt werden können. Man verfiel auch häufig in den Fehler, daß man sich zuerst eine bestimmte Anschauung bildete, und dann zur Beweisführung die passenden Beispiele danach auswählte. Es würde zu weit führen, all die zahlreichen Beispiele und Tabellen, die man aufgestellt hat, um einen Zusammenhang zwischen Zugbewegung und Witterung nachzuweisen, hier wiederzugeben, zumal sie der Leser, der sich eingehender darüber unterrichten will, in meinen „Rätseln des Vogelzuges" findet. Nur zwei Fälle will ich hier anführen, die durch ihre Widersprüche zeigen, wie unendlich schwer es ist, über die Frage nach dem Einfluß des Wetters auf den Vogelzug Klarheit zu gewinnen. In Ungarn wurde festgestellt, daß innerhalb 7 Jahren der Höhepunkt des Rauchschwalbenzuges 6mal bei niedrigem und nur 1mal bei hohem Luftdruck stattfand. Man glaubte daraus schließen zu dürfen, daß die Rauchschwalbe auf ihrem Zuge einen geringen Luftdruck bevorzugt. Gerade das Gegenteil stellte man in Bayern fest, wo man auf Grund eines umfangreichen statistischen Beobachtungsmaterials zu der Auffassung kam, daß die Rauchschwalbe auf dem Zuge hohen Luftdruck liebt. Das zweite

Beispiel betrifft den Singdrosselzug. In der Schweiz wurde einmal ein sehr starker Singdrosselzug bei einem barometrischen Minimum, ein anderes Mal bei einem Maximum beobachtet. Derartige, sich widersprechende Beobachtungen liegen noch in großer Zahl vor. Meiner Ansicht nach kann man aus ihnen nur herauslesen, daß eben die Zugbewegung nur wenig oder gar nicht mit dem Wetter im Zusammenhang steht.

Bei der Untersuchung des Zusammenhangs des Zuges mit der Witterung darf nicht nur das Wetter in dem Gebiet, wo die Zugvögel erscheinen, in Betracht gezogen werden, sondern es müssen auch die Wetterlagen in den vorher durchflogenen Gebieten berücksichtigt werden, und gerade dies erschwert das Studium außerordentlich. Ferner müssen *alle* Faktoren der Witterung, also Luftdruck, Windverhältnisse, Feuchtigkeitsgehalt der Luft, Niederschlag und Temperatur, in gleicher Weise in den Kreis der Betrachtung gezogen werden, denn man darf vermuten, daß weniger ein einzelner Faktor der Witterung als vielmehr alle Faktoren in ihrem Zusammenwirken einen Einfluß ausüben. Ferner ist es unbedingt erforderlich, daß man für die Entscheidung der Frage, ob der Vogelzug mit dem Wetter zusammenhängt, nicht nur die positiven, sondern auch die negativen Erscheinungen berücksichtigt. Nur dann kann man ein einwandfreies Bild erhalten. Wenn wir z. B. in einer Zugperiode bei einer bestimmten Wetterlage in zahlreichen Fällen starke Zugbewegung wahrnehmen konnten, so dürfen wir nicht ohne weiteres daraus schließen, daß diese Wetterlage den Zug begünstigt, denn es kann in anderen Fällen bei derselben Witterung die Zugerscheinung ausbleiben. Dies ist aber, wie ich mich oft genug bei der Beobachtung des Vogelzuges überzeugen konnte, meist der Fall.

Hat man endlich durch sorgsame, langwierige Beobachtung eine Fülle von Material gesammelt, das dafür spricht, daß eine Vogelart bei einer bestimmten Wetterlage ihre Zugbewegung ausführt, so genügt ein einziger Fall, in dem das Umgekehrte zutrifft, um die ganze Theorie umzustoßen.

Nach den Berichten der Vogelwarten Helgoland und Rossitten soll der Herbstzug der Waldschnepfe mit der Windrichtung im Zusammenhang stehen, da Massenzüge der Schnepfen meist bei östlichen Winden stattfanden. Der großen Beobachtungsreihe des Schnepfenzuges bei Ostwind stehen aber Fälle gegenüber, in denen bei westlichen Winden, also gerade bei entgegengesetzter Luftströmung, starker Schnepfenzug stattfand. Hieraus scheint mir hervorzugehen, daß die Windrichtung kaum als der entscheidende Faktor für die Zugbewegung gelten kann, sondern daß dies vielleicht ein anderer Witterungsfaktor ist, der nur eine Begleiterscheinung des Ostwindes ist, aber auch bei anderer Windrichtung auftreten kann. Dies Beispiel zeigt wieder, wie überaus schwierig es ist, den Zusammenhang des Zuges mit der Witterung richtig zu beurteilen.

Die Widersprüche in den Angaben der Beobachter und die Unstimmigkeit in der Anschauung, welchem Witterungsfaktor der Haupteinfluß zufällt, lassen es schon an und für sich sehr zweifelhaft erscheinen, ob das Wetter überhaupt einen entscheidenden Einfluß auf den Vogelzug ausübt.

Ich habe viele Jahre hindurch den Vogelzug auf der Kurischen Nehrung beobachtet und immer wieder feststellen können, daß die Vögel fast bei jedem Wetter, mit Ausnahme großer Wetterkatastrophen, ziehen. Es fand guter Vogelzug statt bei Windstille, bei Gegenwind, Rückenwind und Seitenwind, bei klarem, trockenem Wetter, bei trüber Witterung mit Regen, bei steigendem und fallendem Luftdruck. Hieraus scheint mir hervorzugehen, daß das Wetter im allgemeinen keinen entscheidenden Einfluß auf die Zugbewegung ausübt. Hierfür spricht nach meiner Auffassung auch der Umstand, daß an vielen Tagen, die eine Wetterlage für guten Vogelzug hatten, dennoch kein Zug stattfand, und daß umgekehrt an Tagen mit ganz verschiedenen Wetterlagen starker Zug in Erscheinung trat.

Nach den Berichten der Vogelwarte Helgoland soll freilich die Zugbewegung der Vögel über das Meer vom Wetter abhängig sein, da besonders starker Zug im Herbst stets bei Südwestwind, also bei einer der Zugrichtung entgegengesetzten Windströmung, erfolgt. Es ist freilich denkbar, daß die

Zugvögel beim Fluge über das offene Meer sich anders verhalten als bei der Wanderung über Land, und daß sie sich zur Überquerung großer Wasserflächen nur bei günstigen Wetterlagen entschließen. Eine solche Annahme bedarf aber noch einer gründlichen Nachprüfung. Für die Waldschnepfe paßt diese Theorie jedenfalls schon nicht, da ihr Herbstzug nach den Berichten der Vogelwarte Helgoland ja gerade bei östlichen Windströmungen erfolgen soll. Hier zeigt sich also gleich wieder ein Widerspruch, der die ganze Theorie ins Wanken bringt. Zugleich geht aber hieraus hervor, daß die einzelnen Vogelarten auf den Einfluß des Wetters in ganz verschiedener Weise reagieren. Es mag Arten geben, die auf dem Zuge Rückenwind bevorzugen, und Vögel, die lieber gegen den Wind fliegen. Auch das Verhalten gegenüber anderen Faktoren der Witterung, wie Luftdruck, Bewölkung und Niederschlag mag artlich sehr verschieden sein. Wie bei so vielen anderen Fragen des Vogelzuges darf man auch hier nicht verallgemeinern, sondern es muß geprüft werden, ob und wie jede Vogelart auf dem Zuge vom Einfluß des Wetters abhängig ist.

Freilich gibt es gewisse Wetterlagen, die die Zugbewegung unverkennbar beeinflussen. Dies ist der Fall bei starkem Nebel, der den Vögeln jede Möglichkeit zur Orientierung raubt. Wenn die Vögel auch im allgemeinen für die Ausführung des Zuges keine Orientierung in unserem Sinne nötig haben, sondern das Innehalten der Richtung durch das erbliche Richtungsgefühl automatisch erfolgt, so müssen doch die Vögel noch immer sehen können, wohin der Flug geht, ob über Land oder Wasser, und wo geeignete Rastplätze vorhanden sind. Ebenso vermag starker Platzregen und Sturm die Zugbewegung zu unterbrechen. Dies sind aber Wetterkatastrophen, die dem Vogel einen Dauerflug überhaupt unmöglich machen. Es sind die einzigen Wettererscheinungen, die einen entscheidenden Einfluß auf den Zug der Vögel erkennen lassen.

In der ornithologischen Literatur findet man bisweilen die Ansicht vertreten, daß die Zugvögel imstande sind, das kommende Wetter vorauszuahnen, und daß sie ihren Flug danach einrichten. Daß eine solche Annahme nicht berechtigt ist, beweist die immer wiederkehrende Erscheinung, daß Zugvögel auf ihrem Fluge vom Unwetter überrascht werden, das ihr Verderben herbeiführt. Dies tritt besonders auf dem Frühjahrszuge ein, wo die Vögel bisweilen bei ihrer Rückkehr in die nördliche Heimat in starke Schneestürme hineinfliegen, die ihnen den Untergang bringen. Würden die Vögel imstande sein, das Wetter vorauszuahnen, so würden sie beizeiten die Zugbewegung einstellen, aber nicht kopflos in das Unwetter hineinfliegen, wie es oft genug geschieht. Bisweilen entschließen sich die Zugvögel bei einer solchen Wetterkatastrophe zur Umkehr. Dann finden sogenannte „rückläufige Zugbewegungen" statt. Dies ist aber nicht immer der Fall, sondern sehr oft lassen sich die Wanderer durch das Unwetter nicht abhalten, den Flug in die Heimat fortzusetzen, und sie finden dann den Tod, falls nicht sehr bald eine Besserung der Witterung eintritt.

Beim Fluge über das Meer werden manchmal die Zugvögel von einem plötzlich auftretenden Unwetter, besonders durch Stürme, überrascht. Sie werden dann von der Zugrichtung abgelenkt und verschlagen und mögen häufig ihren Untergang in den Fluten des Ozeans finden. Bisweilen suchen die Vögel dann Schutz und Rettung auf Schiffen, wie es schon wiederholt beobachtet wurde. —

Daß zwischen der Zugbewegung und dem Wetter kein großer Zusammenhang bestehen kann, geht meiner Meinung nach auch daraus hervor, daß sowohl der Fortzug wie die Rückkehr der einzelnen Arten sich über einen recht langen Zeitraum erstrecken, der meist viele Wochen beträgt. Der Zug verläuft in folgender Weise: Einige wenige Vögel beginnen den Zug, dann wird die Menge der Wanderer immer größer, bis nach Verlauf einiger Zeit der Höhepunkt der Zugbewegung eintritt, der sich durch die Masse der Zugvögel kennzeichnet. Hierauf nimmt der Zug wieder ab, die Anzahl der Zugvögel wird immer geringer, bis schließlich einige Nachzügler die Zugerscheinung beendigen. Die Zugbewegung läßt sich also graphisch durch eine Kurve darstellen, die einen auf- und einen absteigenden Teil hat. Diese

Zugskurve verläuft aber keineswegs gleichmäßig, sondern es machen sich häufig Unregelmäßigkeiten dabei bemerkbar, indem der Zug plötzlich zeitweise unterbrochen wird, dann wieder anschwillt, um gleich darauf wieder für einige Zeit nachzulassen. Die Linie, die den Zug bildlich darstellt, verläuft also im Zickzack, allmählich ansteigend und ebenso abfallend, nachdem der Höhepunkt überschritten wurde. Würde nun das Wetter einen entscheidenden Einfluß auf die Zugbewegung ausüben, so würde sich diese kaum über eine so lange Zeit erstrecken. Es würden vielmehr alle Vögel, die dasselbe Gebiet bevölkern, bei einer Witterung, die die Reiselust fördert, flugs aufbrechen und in kurzer Zeit würde eine Gegend im Herbst geräumt sein. Dies ist aber nicht der Fall.

Die Dauer einer Zugperiode ist bei den einzelnen Vogelarten verschieden. Sie kann sich über mehr als 2 Monate erstrecken, aber auch kürzer als ein Monat sein. Ich habe hierüber ausführlich in meinen „Rätseln des Vogelzuges" berichtet.

Auch die Zugzeiten der einzelnen Vogelarten sind sehr verschieden. Manche Vögel brechen sehr bald nach vollendeter Fortpflanzung auf, andere bleiben bis spät in den Herbst hinein in der Heimat. Die ersten Zugbewegungen leiten die Jungvögel solcher Arten ein, bei denen auf dem Zuge eine Trennung nach dem Alter erfolgt. Wir sahen schon, daß die jungen Stare, sobald sie der Fürsorge ihrer Eltern entwachsen sind, sich auf die Reise begeben und meist hierbei die Richtung nach dem Winterquartier einschlagen, so daß also ihre Wanderung kein planloses Umherstreifen ist, sondern als richtige Zugbewegung angesprochen werden kann. Die Jungstare der ersten Brut verlassen häufig schon im Juni ihre Heimat. Auch bei anderen jungen Singvögeln mag dies der Fall sein.

Von den alten Vögeln rüstet sich als erster zum Fortzug der Segler, der uns schon in den ersten Tagen des August verläßt. Da er spät im Frühjahr, erst Ende April, aus der Winterherberge zurückkehrt, so währt sein Aufenthalt im Brutgebiet nur etwa 3 Monate, also nur eine kurze Zeit. Den längsten Teil des Jahres verbringt er in der Winterherberge.

Ähnlich wie der Segler treiben es auch andere Vögel, wie Pirol, Wiedehopf und Gartensänger, die auch nur kurze Zeit im Norden weilen. Manche Forscher sehen diesen kurzen Aufenthalt im europäischen Brutgebiet nur als eine vorübergehende Sommerfrische an, die zugleich zur Fortpflanzung benutzt wird, und meinen, daß die eigentliche Heimat dieser Vögel der tropische Süden sei. Infolgedessen hat man diese Zugvögel auch „Sommerfrischler" genannt. Ich vermag diese Auffassung nicht zu teilen. Wo ein Tier sich fortpflanzt, ist nach unseren Begriffen seine Heimat, und diese Anschauung ist um so berechtigter, wenn die Fortpflanzung regelmäßig am Geburtsort vollzogen wird, also alle Nachkommen immer wieder dasselbe Brutgebiet aufsuchen. Wenn wir aber davon abweichen, das Brutgebiet eines Vogels als seine Heimat zu betrachten, so wird hierdurch der Begriff „Heimat" gegen jeden Sprachgebrauch verschoben. Die Gewohnheit, den längsten Teil des Jahres auf Reisen zu verbringen, berechtigt nicht dazu, die Reisezone im Gegensatz zum Brutgebiet als Heimat zu bezeichnen.

Dem Segler folgen noch im August Weißer Storch, Schwarzstorch, Wiedehopf, Blaurake, Pirol, Gartensänger, Grasmücken und andere Vögel, die bis ins tropische Afrika ziehen. Im September ist dann der Vogelzug im vollen Gange. Er währt bis in den November hinein, dann erscheinen schon die ersten Wintergäste der hochnordischen Vögel, besonders der Schwimmvögel, bei denen es weniger der angeborene Zugtrieb ist, der ihre Zugbewegung auslöst, als die Not der harten Winterszeit ihrer arktischen Heimat, und die wir daher im Gegensatz zu den eigentlichen Zugvögeln „Winterflüchter" nennen können. Der Zuzug dieser Vögel dauert bis in den Dezember hinein, je nachdem in ihrer Heimat die Vereisung früher oder später einsetzt.

Der Rückzug im Frühjahr währt nicht minder lange. Schon im Februar treffen bei uns die ersten Lerchenzüge wieder ein, der März bringt uns die Singdrossel, das Rotkehlchen, die Waldschnepfe, den Kiebitz, Brachvogel und viele andere Zugvögel. Im Laufe des April kehrt die große Schar der Singvögel heim, Ende des Monats kommt der Segler zurück, Pirol und Wiedehopf verschieben bisweilen ihre Rückkehr in die Heimat bis in den Mai.

Im allgemeinen kann man die Wahrnehmung machen, daß die Rückkehr um so später erfolgt, je nördlicher die Heimat liegt, und dies ist ja auch ganz natürlich, wenn man bedenkt, daß in nördlicher Gegend das Frühjahr später erwacht als im Süden. An das Frühlingserwachen sind aber die Lebensbedingungen der heimkehrenden Zugvögel geknüpft. Durch sorgfältige Beobachtung hat man festgestellt, daß die Rückkehr der Rauchschwalbe mit jedem Breitengrad nordwärts um $2^1/_2$ Tage später erfolgt.

Ebenso wie in nördlicher Richtung verzögert sich auch nach Osten die Rückkehr der Zugvögel. So trifft z. B. die Schafstelze auf der Pyrenäenhalbinsel durchschnittlich um den 22. März ein, in Ungarn dagegen erst Anfang April. Die Scharen Weißer Störche, die noch im April im Gebiet des Nils, in Syrien und Kleinasien auf der Wanderung angetroffen werden, sind eben Brutvögel aus nördlichen Gebieten, wo der Storch später zur Fortpflanzung schreitet als bei uns. Der Aufbruch aus der Winterherberge erfolgt also nicht nur artlich, sondern auch individuell zu verschiedenen Zeiten. Zuerst verlassen diejenigen Vögel die Winterherberge, deren Brutplätze in südlichen Gegenden liegen, während die weiter nördlich beheimateten Vögel erst später folgen. So kann man im Frühjahr die eigentümliche Wahrnehmung machen, die gewiß schon manchen Beobachter mit Erstaunen erfüllt hat, daß während der Brutzeit unserer Singvögel noch andere Vögel derselben Art als Zuggäste erscheinen. Dies sind eben Vögel, deren Brutgebiet höher im Norden liegt und die daher noch auf der Reise begriffen sind. Die Zeit des Frühjahrszuges ist also von der geographischen Lage der Heimat abhängig. Hieraus geht wieder hervor, daß nicht äußere Einflüsse, wie das Wetter, die Zugbewegung auslösen, sondern vielmehr der im Vogelkörper erwachende Zugtrieb, dessen Beginn mit einem für die Rückkehr geeigneten Zeitpunkt im Einklang steht. Hier zeigt sich so recht, wie der Vogelzug keinen Zufälligkeiten und Willkürlichkeiten unterliegt, sondern wie die Zugbewegung und ihr Verlauf nach feststehenden Gesetzen geregelt sind.

Infolge der verschiedenen Aufbruchszeiten der Zugvögel aus den Winterquartieren erstreckt sich der Frühjahrszug über eine lange Zeit, die beispielsweise beim Kuckuck und Wiedehopf 8 bis 12 Wochen, bei anderen Vögeln, wie der Feldlerche, sogar mehr als 3 Monate dauert.

Der Vogelzug währt fast das ganze Jahr hindurch, und nur im Januar, wo alle Zugvögel in der Winterherberge sind, sowie in der Zeit von Mitte Mai bis Mitte Juni, in der Brutzeit der Zugvögel, tritt eine kurze Ruhepause ein. Die Hauptzugzeiten fallen in die Monate September und Oktober, sowie in den März und April, und dies sind denn auch diejenigen Zeiten, in denen der Vogelzug sich am stärksten bemerkbar macht, da dann die meisten Vögel auf der Reise begriffen sind. Diese Monate sind daher am geeignetsten für den Besuch der Vogelwarten zum Studium des Vogelzuges.

Nicht immer folgt auf den Fortzug im Herbst eine Rückkehr im Frühjahr. So trifft man Storchscharen im tropischen Afrika, besonders im Gebiet des Nils, wo der Weiße Storch nicht als Brutvogel vorkommt, sogar im Hochsommer an. Man hat sich über dies auffällige Benehmen eines so ausgesprochenen Zugvogels, wie es der Storch ist, lange Zeit den Kopf zerbrochen. Jetzt wissen wir, daß dies Störche sind, die nicht brutlustig sind, und zwar, wie die Beringung uns gelehrt hat, sowohl junge Vögel, die noch nicht geschlechtsreif sind, wie alte Störche, die mit dem Brüten aussetzen. Diese Vögel, denen der Bruttrieb fehlt, bleiben entweder in der afrikanischen Winterherberge oder treiben sich planlos im Zuggebiet umher. Es ist möglich, daß andere Zugvögel ebenso handeln. Wir dürfen aber aus dieser sonderbaren Erscheinung, wie sie beim Weißen Storch auftritt, nicht voreilig den Schluß ziehen, daß der Zugtrieb im Frühjahr und die Rückkehr in die Heimat vom Fortpflanzungstriebe abhängig sind. An gefangenen Singvögeln, besonders an Nachtigallen, konnte ich wiederholt die Wahrnehmung machen, daß im Frühjahr der Zugtrieb sogar sehr heftig einsetzte, obwohl der Fortpflanzungstrieb noch schlummerte, denn die Keimdrüsen waren noch nicht entwickelt und die Vögel sangen noch nicht. Hier zeigt sich also der Zugtrieb unabhängig vom Geschlechtstriebe. Ich möchte annehmen, daß das Verbleiben im Zuggebiet, wie es beim Storch der Fall ist, mehr eine Ausnahmeerscheinung ist und nur bei solchen Vogelarten vorkommt, die erst im mehrjährigen Alter geschlechtsreif werden oder nicht alle Jahre regelmäßig zur Brut schreiten.

Bisweilen machen sich abnorme Zugerscheinungen bemerkbar, indem plötzlich außerhalb der eigentlichen Zugzeiten ein reger Vogelzug einsetzt. Derartige außergewöhnliche Zugerscheinungen treten natürlich am augenfälligsten an solchen Orten hervor, wo die Zugvögel sich auf engem Raum zusammendrängen, wie es auf Helgoland und der Kurischen Nehrung der Fall ist. So wurde auf Helgoland mitten im Dezember ein reger Zug von Singvögeln, wie Drosseln, Rotkehlchen, Lerchen, Hänflingen, Stieglitzen und Piepern, sowie von Wildtauben, schnepfenartigen Vögeln und Raubvögeln beobachtet. Die Vögel erschienen ganz plötzlich in größeren Mengen, um auf Helgoland zu rasten und dann nach der Festlandsküste weiterzufliegen, wie es für den Herbstzug charakteristisch ist. Es war also eine regelrechte Zugbewegung von Zugvogelarten, die in der normalen Zugzeit im Herbst in ihrer nordischen Heimat verblieben waren, und erst mitten im Winter, als der Aufenthalt im Norden zu unwirtlich wurde, die Reise ins Winterquartier antraten. Auf der Kurischen Nehrung fand einst Anfang Januar ein starker Durchzug von Drosseln, und zwar hauptsächlich von Wacholderdrosseln statt, die von Nord nach Süd die Nehrung überflogen, also die für den Herbstzug typische Zugbewegung ausführten.

Für diese abnormen Zugerscheinungen läßt sich folgende Erklärung geben: Die Vögel waren offenbar infolge Nichterwachens des Zugtriebes in ihrer nordischen Heimat geblieben, bis schließlich im Winter die höchste Not sie zwang, ihr Heil in der Flucht zu suchen. Dann erwachte bei ihnen endlich der bisher unterdrückte Zugtrieb, und sie holten nun die versäumte Zugbewegung nach. Vielleicht darf man diese

Erscheinung als ein Anzeichen dafür betrachten, daß die betreffenden Vogelarten in Begriff sind, sich vom Zugvogel zum Standvogel umzubilden, wie es z. B. bei der Amsel in unserem Klima bereits stattgefunden hat und es beim Star, der seit etwa drei Jahrzehnten teilweise bei uns überwintert, zu erfolgen scheint. —

Die Gewohnheiten der Zugvögel auf der Reise sind sehr verschieden. Manche Vögel, wie Kuckuck, Wiedehopf und viele Raubvögel lieben die einsame Wanderung, die meisten Vögel aber vereinigen sich in kleinere oder größere Trupps, oder bilden gewaltige Schwärme. Zu wolkenartigen Scharen sammeln sich die Jungstare, wenn sie nach dem Flüggewerden sich auf die Reise begeben (Abb. 1). In gewaltigen Schwärmen sah ich auf der Kurischen Nehrung Leinzeisige ziehen. Andere Singvögel, wie Drosseln und Gimpel, bilden meist nur kleinere Trupps, die aus etwa 10, 15 oder 20 Vögeln bestehen. Beim Storch kommt seine Vorliebe zur Geselligkeit ganz besonders auf dem Zuge zur Geltung. Zunächst vereinigen sich die Storchfamilien, die dieselbe Gegend bewohnen, um gemeinsam den Flug nach Afrika anzutreten. Unterwegs gesellen sich andere Storchfamilien zu ihnen. Der Zuwachs wird immer größer. Wenn dann auf dem Balkan die eigentliche Zugstraßenwanderung beginnt, treffen Scharen aus allen Ländern zusammen. Sie vereinigen sich, und so bilden sich im weiteren Verlauf des Zuges ganz gewaltige Storchgesellschaften, deren Mitglieder nach Tausenden, ja Zehntausenden zählen. Besonders groß sind die Storchscharen, die im Frühjahr auf der Rückreise in die Heimat im Gebiet des Nils auftreten. Eine herrliche Schilderung hiervon gibt mein Freund Alexander Koenig in seiner so wertvollen Arbeit „Die Watvögel Ägyptens" (Journal für Ornithologie, Sonderheft 1928) mit folgenden Worten: „Der Weiße Storch überflutet geradezu Oberägypten, stellenweise in ungeheuerlichen, jeder Schätzung spottenden Schwärmen. Ich habe Massen von Weißen Störchen im Februar, März und April am oberen Nillauf gesehen, die ich nur einfallenden, die Sonne verdunkelnden Heuschreckenschwärmen vergleichen kann. Nicht nach Hunderten und Tausenden, sondern nach vielen Hunderttausenden von Einzelwesen setzten sich ihre riesigen Scharen zusammen. Meistens sah ich sie von der Libyschen Wüste kommen, und zwar zu einer Zeit, wo der eigentliche Zug nach Norden längst eingesetzt haben mußte. Ich traute meinen Augen nicht, als ich die in der Luft sich heranwälzenden dunklen Wolken der Vögel und diese als aus nur Weißen Störchen bestehende Massen erkannte. Himmel, sagte ich mir ein über das andere Mal, wie kann nur die Wüste diese unzähligen Geschöpfe ernähren, womit nur kann sie ihren Hunger stillen? Ich stand einem Rätsel gegenüber und konnte mir keine befriedigende Antwort auf meine vielen Fragen geben. Das ballte sich in der Luft wie dunkle Regenwolken oder Hagelschauern, eine Masse schob sich in die andere, Heerscharen von Vögeln kamen herunter, während andere weiterzogen und die Luft mit ihren Tausenden und Abertausenden von Individuen erfüllten. Und wenn sich dann ein Teil dieser Heerscharen auf eine aus den Fluten des göttlichen Nilstromes sich emporhebende Insel oder Sandbank niederließ, dann bedeckte er in des Wortes vollster Bedeutung diese Stelle. Sie wurde weiß von Weißen Störchen, und so dicht saßen sie beisammen, daß ein einziger, ziellos unter sie abgegebener Kugelschuß gleich mehrere Stücke zu Boden streckte." Weiter weist Koenig auf die großen Gefahren hin, denen solche Storchmassen auf ihrer Wanderung ausgesetzt sind, wenn sie in der Wüste durch Unwetter oder widrige Winde aufgehalten werden. Dann hält der Tod unter den hungernden und durstenden Tieren reiche Ernte. So fand der Forscher auf einer Reise durch den Sinai im Jahre 1898 massenhaft die Reste verunglückter Störche auf dem Erdboden zerstreut liegen.

Auch die Schwalben bilden auf dem Zuge große Scharen, die bisweilen gewaltigen Umfang annehmen. So beobachtete man im September 1922 bei Budapest in Ungarn einen Rauchschwalbenzug, der eine Stunde lang dauerte, und dessen Individuenzahl auf mindestens 30000 Vögel geschätzt werden konnte. In Afrika hat man schon Schwalbenzüge gesehen, die eine Breitenausdehnung von etwa 100 m hatten und viele Hundert Meter tief waren.

Abb. 15. Versammlung der Kraniche vor dem Fortzuge.

Die Wachtel verläßt familienweise die Heimat. Erst in Südeuropa, an der Küste des Mittelmeeres, vereinigen sich die Familien zu großen Scharen, um gemeinsam den gefahrvollen Flug über das Meer auszuführen.

Familienweise ziehen auch die Wildgänse, bei denen das Familienleben sehr ausgeprägt ist, nach dem Süden. Unterwegs scharen sich mehrere Familien häufig zusammen, so daß dann große Gesellschaften gebildet werden.

Die Kraniche sammeln sich vor dem Fortzuge an bestimmten Plätzen, nach denen die Vögel sogar aus weit entfernten Gegenden zusammenströmen (Abb. 15). Ein solcher Kranichversammlungsort ist das Luchgebiet bei Linum, unweit Berlins, wo man im Herbst mitunter viele hundert Kraniche antreffen kann. Da der Kranich bei uns infolge der Meliorierung der Sumpfgebiete recht selten geworden ist, so können die vielen Kraniche, die sich hier bei Linum alljährlich versammeln, unmöglich nur Vögel aus unserer Heimat sein, sondern der größte Teil muß von weither kommen, aus fremden Ländern. Auf dem Zuge bildet eine große Kranichgesellschaft nicht einen wolkenartigen Schwarm, sondern sie teilt sich in mehrere Trupps, deren Kopfzahl bis zu 50 oder 60 Vögel, meist jedoch weniger beträgt. Die einzelnen Trupps bilden dann auf dem Fluge die bekannte Winkelform, die später noch eingehend besprochen werden soll.

Bei den meisten Vögeln, die gesellig reisen, ziehen alt und jung zusammen. Es kann aber auch eine Trennung nach dem Alter stattfinden, die, wie schon gesagt wurde, dadurch verursacht wird, daß der Zugtrieb bei den Jungen früher erwacht als bei den Alten, und infolgedessen die Jungvögel früher fortziehen als ihre Eltern, wie es bei den Staren der Fall ist. Auch bei der Nebelkrähe verlassen die Jungen die Heimat vor den Alten, denn auf der Kurischen Nehrung erscheinen in den ersten Wochen des Herbstzuges ausschließlich junge Krähen, die an dem noch braunen Ton des Gefieders kenntlich sind, und die alten Vögel folgen erst in der zweiten Hälfte des Oktobers. Ausnahmsweise kann auch das Umgekehrte der Fall sein, nämlich daß die alten Vögel die Zugbewegung einleiten und die Jungen erst später folgen.

Dies trifft z. B. für die Schwalbenmöwe zu. Diese reizende, im arktischen Gebiet beheimatete Möwe ist durch schwarzen Kopf und schwarzen Halsring gekennzeichnet. Sie überwintert gern an den Küsten Frankreichs. Hier erscheinen nach den Berichten französischer Ornithologen immer zuerst die alten Vögel, während die noch unausgefärbten Jungen erst einige Wochen später folgen. Der frühere Fortzug der alten Schwalbenmöwen vor den Jungen, der ganz im Gegensatz steht zu dem Verhalten anderer Zugvögel bei einer Trennung nach dem Alter, ist wieder ein typisches Beispiel dafür, wie verschiedenartig die Gewohnheiten der Zugvögel sind, und daß sich eben keine allgemeingültigen Gesetze aufstellen lassen.

Auch bei der Rauchschwalbe kommt bisweilen eine Trennung nach dem Alter vor. Englische Ornithologen beobachteten unter den zahlreichen Flügen von Schwalben, die sich im Herbst an der Südküste Englands vor dem Überfliegen des Kanals sammeln, einzelne Schwärme, die nur aus jungen Vögeln, und andere, die nur aus alten bestanden. Dies sind aber anscheinend Ausnahmen, denn bei uns kann man immer wieder sehen, daß bei den Schwalben alt und jung gemeinsam die Reise antreten.

Häufig findet auch auf dem Zuge eine Trennung nach dem Geschlecht statt, wie sie schon vom Buchfinken erwähnt wurde. Bei unseren Singvögeln kehren im Frühjahr in der Regel die Männchen einige Tage früher zurück als die Weibchen, woraus hervorgeht, daß die Geschlechter gesondert die Heimreise ausführen. Dies hängt wohl mit der Fortpflanzungsbiologie zusammen. Bei den Singvögeln ist in der Paarung das Männchen der werbende, das Weibchen der wählende Teil. Das Männchen sucht sich gleich nach der Heimkehr einen geeigneten Nistplatz aus und sucht nun durch seinen Gesang ein Weibchen herbeizulocken. Die frühere Rückkehr der Männchen macht sich vor allem bei solchen Vogelarten sehr auffällig bemerkbar, die geschlechtlich verschieden gefärbt sind. So erscheinen im Steppengebiet der Wolga von den Mohrenlerchen im Frühjahr zuerst die alten, schwarzen Männchen, während die Weibchen und auch jüngere, noch unverfärbte Männchen erst später eintreffen. Hiernach ziehen also die alten Männchen für sich, während die jüngeren Männchen sich den Weibchen anschließen. Es ist möglich, daß dies auch bei anderen Singvögeln der Fall ist.

Die meisten Zugvögel reisen sowohl am Tage wie in der Nacht und nur wenige Arten wählen ausschließlich die Tageszeit oder nur die Nacht für den Wanderflug. Ausgesprochene Tagwanderer sind die Raben, Störche und Raubvögel, mit Ausnahme des Sperbers, der auf dem Zug auch in der Nacht an Leuchttürmen erscheint. Nur in der Nacht reisen die schnepfenartigen Vögel.

Eigentümlich ist es, daß auf Helgoland der nächtliche Zug eine große Rolle spielt, während auf der Kurischen Nehrung nur am Tage Vogelzug stattfindet, aber anscheinend niemals in der Nacht. Wenigstens weisen die Berichte der Vogelwarte Rossitten immer wieder auf das Fehlen des nächtlichen Zuges hin, und auch ich konnte niemals eine Zugbewegung zur Nachtzeit auf der Kurischen Nehrung feststellen. So scheint es fast, als ob die Vögel den Flug über das Meer vorwiegend in der Nacht ausführen. Im Gegensatz hierzu wird aber im Gebiet des Mittelmeeres häufig gerade am Tage sehr reger Vogelzug beobachtet. Auch hierin zeigt sich wieder, wie außerordentlich mannigfaltig und wechselvoll der Zug verlaufen kann.

Die gesellig ziehenden Vögel bilden bisweilen bestimmte Flugordnungen. So ziehen Kraniche und Wildgänse in Winkelform, d. h. sie formieren sich in zwei Linien, die einen Winkel bilden (Abb. 16). In der Regel ist die Anzahl der Vögel in beiden Linien ungleich, so daß also der eine Schenkel des Winkels länger ist als der andere. Die Vögel in jedem Schenkel fliegen nicht hintereinander auf Vordermann, sondern sie sind seitwärts gestaffelt. Es überragt also jeder Vogel den vor ihm fliegenden nach außen. Ist die Anzahl der Vögel sehr groß, so gruppieren sie sich auch in zwei Winkeln nebeneinander. In dieser Flugordnung sah ich einen großen Zug von etwa 200 Wildgänsen auf der Kurischen Nehrung. Besteht umgekehrt der Trupp nur aus wenigen Vögeln, dann bilden diese anstatt eines Winkels nur eine schräge Linie,

Abb. 16. Ziehende Wildgänse im Winkelflug.

wobei die seitliche Stafflung erhalten bleibt. Diese Flugform stellt gewissermaßen nur den einen Schenkel des Winkels dar.

Der an der Spitze fliegende Vogel wird sowohl bei der Winkelform wie beim Fluge in schräger Linie zeitweise abgelöst.

Es liegt natürlich der Gedanke sehr nahe, daß diese Flugordnung der Vögel einen bestimmten Zweck hat, der vermutlich darin besteht, das Fliegen auf größere Strecken zu erleichtern. So glaubt man, daß die in Winkelform oder in schräg gestaffelter Linie ziehenden Vögel eine aeromechanische Einheit bilden, die wie ein Luftschiff die Luft durchschneidet, und versucht durch physikalisch-mathematische Berechnung nachzuweisen, daß hierdurch den Vögeln die Überwindung des Luftwiderstandes bedeutend erleichtert wird. Auch noch andere Theorien hat man für die Erklärung des Winkelfluges ersonnen, auf die näher einzugehen, zuweit führen würde. Sie alle verfolgen den Gedanken, daß durch die Flugordnung die Arbeitsleistung des Fliegens dem einzelnen Vogel erleichtert wird. Ob diese Theorien zutreffen, bleibt immerhin zweifelhaft, da sich auch manche Einwände dagegen erheben lassen.

Außer Wildgänsen und Kranichen ziehen in Winkelform auch Reiher, Enten, Schwäne, Flamingos, Schnepfen und Regenpfeifer. Auch das Steppenhuhn bildet auf seiner zeitweiligen Wanderung die Winkelform, aber mit dem Unterschiede, daß die Vögel nicht in zwei Linien fliegen, sondern auch das Innere des Winkels ausfüllen, wie es auf der Abb. 14 dargestellt ist.

Andere Vögel, wie Sichler, Ibis, Brachvogel und Austernfischer, bilden auf dem Zuge eine gerade Linie, indem ein Vogel neben dem anderen fliegt (Abb. 17). Auch in dieser Formation glaubt man einen aerodynamischen Vorteil erblicken zu können. Der Vogel soll beim Fliegen einen nach der Seite entweichenden Luftstrom erzeugen, der eine hebende Wirkung hat. Diese hebende Wirkung soll dem Nebenvogel zugute kommen und ihm die Arbeit des Fliegens erleichtern. Als Beweis für diese Theorie wird die Analyse der Strömung um eine Tragfläche nach der Prandtlschen Aeroplan-

Abb. 17. Ziehende Austernfischer in gerader Linie.

theorie angeführt. Inwieweit diese Annahme berechtigt ist, kann nur ein Fachmann im Flugwesen beurteilen.

Bei allen diesen Flugformen der Winkelbildung und der geraden Linie fällt es auf, daß die Vögel immer die Front frei haben, denn sie befinden sich im letzteren Falle nebeneinander, im ersteren Falle sind sie seitlich gestaffelt. Vielleicht liegt der Hauptzweck dieser Flugformen in der freien Front, die die Vögel vor einem Aufprall und Zusammenstoß bewahrt, wenn zufällig der Vordermann die Fluggeschwindigkeit verkürzen sollte.

Die Winkelform und die Bildung einer schrägen Linie mit Stafflung nach außen kommt nicht nur im Fluge vor, sondern auch beim Schwimmen auf dem Wasser. Junge Enten und Gänse gruppieren sich gern in dieser Weise, wenn sie auf dem Wasser ihrer Mutter folgen. Hierdurch hat jeder Jungvogel ein freies Gesichtsfeld und einen freien Raum vor sich, in dem er Nahrung suchen kann. Würden die Tiere hintereinander schwimmen, so würden die an der Spitze befindlichen Vögel die Nahrung den Nachfolgenden fortfressen. Hier liegt also der Zweck der Anordnung ganz offensichtlich zutage. Es liegt daher die Annahme nahe, daß diese Art der Gruppierung beim Fluge ebenfalls den Zweck verfolgt, den Vögeln ein freies Gesichtsfeld und eine freie Front zu sichern.

Auffallend ist es, daß nur gewisse Vogelarten diese Flugordnungen auf dem Zuge bilden, die meisten Vögel aber davon absehen. Man sollte meinen, daß der Nutzen einer Flugordnung besonders für große Vögel in Betracht kommen müßte. Aber dies scheint nicht der Fall zu sein, denn so große Vögel wie Störche bilden keine Flugordnung auf dem Zuge, sondern fliegen in regellosen Schwärmen. Die große Schar der Singvögel sieht ebenfalls von einer Ordnung beim Zuge ab. Sie bilden wolkenartige Schwärme, in denen die einzelnen Vögel, die häufig nach Tausenden zählen, dicht gedrängt fliegen, wie ich es z. B. regelmäßig bei den Leinfinken sah. Wird eine solche Vogelschar plötzlich durch einen Schuß oder den Anblick eines verdächtigen Gegenstandes erschreckt, dann macht der ganze Schwarm blitzschnell eine Schwenkung. Geradezu staunenswert ist es, wie all' die vielen hundert, ja tausend Vögel diese Wendung in derselben Sekunde und genau in derselben Richtung ausführen, so daß ein Zusammenstoß der Vögel niemals vorkommt. Wie ist dies möglich? Wer gibt den im schnellsten Flug dahinstürmenden Vögeln das Zeichen zu dieser Wendung? Auf welche Weise wird diese gewaltige Disziplin durchgeführt? Das sind Vorgänge in der Natur, die uns wie ein Wunder anmuten, worauf wir vorläufig noch keine Antwort geben können. Es müssen hier irgendwelche Naturkräfte im Spiel sein, die wir noch nicht kennen. Vielleicht sind es elektrische Strömungen oder Wellen im Äther, für die der Vogel besonders empfindlich ist, die diese Erscheinung hervorrufen und die Vögel gewissermaßen wie die Puppen eines Marionettentheaters automatisch lenken. Manchem mag eine solche Vermutung wohl sonderbar erscheinen, aber unmöglich ist dergleichen nicht, seitdem Radio und Fernsehen der Wissenschaft ganz neue Perspektiven eröffnet haben.

Einen dichten Schwarm bilden auch ziehende Stare, aber hier macht sich insofern eine gewisse Flugordnung bemerkbar, als die Vögel sich mehr in der Breite als in der Länge gruppieren, so daß die Flugfront sehr viel größer ist als die Tiefe (Abb. 1).

Kraniche, Wildgänse, schnepfenartige Vögel, Singdrosseln, Heidelerchen, Gimpel und viele andere Vögel lassen auf dem Zuge fleißig ihre Lockrufe hören. Andere Vögel, wie z. B. Stare, Raubvögel und Krähen, ziehen stumm. Die Gewohnheiten der Zugvögel sind auch hier verschieden. Die Annahme, daß der Gebrauch der Stimme ein Sammelsignal sei, das den Zusammenschluß der gesellig ziehenden Vögel bewirkt, läßt sich kaum rechtfertigen, wenn man bedenkt, daß selbst der stimmlustige Star und andere Vögel, die auch gesellig wandern, auf dem Zuge sich stumm verhalten. Der Zusammenschluß erfolgt also ebensogut ohne Signal. Auch die Meinung, daß die Rufe der wandernden Vögel ein Warnsignal bei Gefahr seien, läßt sich kaum aufrechterhalten, denn viele Arten locken so eifrig, daß man nicht vermuten kann, daß es sich nur um Warnrufe handelt. Andererseits lassen die Stare, die grundsätzlich stumm ziehen, niemals solche Warnrufe hören, wie ich oft genug beobachtet habe. Wenn ich auf einen Schwarm ziehender Stare schoß oder die Vögel sonst erschreckte, dann schwenkten sie sofort ab, ohne auch nur einen Laut hören zu lassen. Krähen dagegen, die auch stumm ziehen, stoßen bei Gefahr ihren kurzen Warnruf aus. Eine allgemeine Erklärung läßt sich für das verschiedenartige Verhalten der Zugvögel im Gebrauch der Stimme eben nicht geben. Es handelt sich hier wohl nur um Artgewohnheiten, also um angeborene Triebe, die sich automatisch auswirken, ohne daß ihnen eine besondere Bedeutung, die mit dem Wanderflug im Zusammenhang steht, zugesprochen werden kann.

Die älteren Gelehrten der Vogelkunde, so auch unser volkstümlichster Naturforscher Alfred Brehm, der uns das herrliche Tierleben schenkte, meinten, daß schlechte Flieger, wie Rallen, Wasserhühner, Taucher und Wachteln, ihre Reisen auch laufend ausführen. Diese Annahme ist jedoch ein Irrtum, denn alle diese Vögel werden regelmäßig im Fluge auf der Wanderung beobachtet, noch niemals aber konnte ein Fußmarsch auf dem Zuge festgestellt werden. —

Zu mancher Legende hat das rätselhafte Problem des Vogelzuges Veranlassung gegeben. Das alte Märchen vom Winterschlaf der Schwalben, die sich in Schlupfwinkel verkriechen, ja sogar auf dem Boden von Gewässern einfrieren lassen sollen, hat sich bis auf den heutigen Tag erhalten, obwohl wir lange wissen, daß die Schwalben im tropischen Afrika überwintern. Die Annahme vom Winterschlaf der Schwalben ist wohl dadurch entstanden, daß man bisweilen Schwalben im Spätherbst im verklammten Zustande unter Dächern und in anderen Schlupfwinkeln aufgefunden hat. Solche Vögel entstammten wohl einer späten Brut und hatten infolge ihres späten Flüggewerdens den Anschluß an die Reise nach der Winterherberge versäumt. Noch niemals aber konnte nachgewiesen werden, daß derartige Vögel in ihrem Schlupfwinkel tatsächlich den Winter überstanden. Dies würde ja auch der Natur des Vogels völlig widersprechen, die auf eine lange Hungerzeit und auf einen Winterschlaf gar nicht eingestellt ist.

Eine Sage ist auch der Ritt kleiner Zugvögel auf dem Rücken großer Vögel, um sich die Anstrengung der weiten Reise zu ersparen. Man wundert sich nur, daß derartige phantastische Dinge sogar in unserer Zeit immer wieder aufgetischt werden, wie es vor einigen Jahren in einer Zeitschrift allen Ernstes geschah. —

Man glaubte früher, daß die Zugvögel in sehr großen Höhen ihre Luftreisen ausführen, in denen sie unserer Wahrnehmung völlig entzogen sind, und schätzte diese Höhen auf 10 bis 11000 m. Im Lichte der neuzeitlichen meteorologischen Forschung muß diese Auffassung jedoch unhaltbar erscheinen. Wir wissen jetzt, daß in jenen Höhen so gewaltige Kälte und so niedriger Luftdruck herrschen, daß höher organisierte Geschöpfe hier keine Lebensmöglichkeit mehr haben. Wenn der Zugvogel in solchen Höhen seine Reise zurücklegen würde, dann müßte er geradezu eine Doppelnatur haben, die es ihm einmal ermöglicht, unter den atmosphärischen Verhältnissen, wie sie an der Erdoberfläche herrschen, zu leben und ihn andererseits befähigt, sich den völlig veränderten Luftverhältnissen in großen Höhen anzupassen. Nichts in der Körperausrüstung des Vogels spricht aber für eine solche Fähigkeit. Man könnte vermuten, daß die eigenartigen Luftsäcke, die im Vogelkörper liegen und die mit den Lungen und Bronchien in Verbindung stehen, ein Luftspeicher sind, der den Vogel beim Fluge in großen Höhen unter niedrigem Luftdruck mit dem notwendigen Sauerstoff versorgt. Eine solche Annahme ist aber nicht berechtigt, denn die in den Luftsäcken befindliche Luft würde bald verbraucht sein und kann daher unmöglich für eine Sauerstoffzufuhr während eines stundenlangen Fluges in großer Höhe ausreichen. Der Vogel müßte also sehr häufig zu niedrigen Luftschichten herabsteigen, um die Luftsäcke mit neuem Sauerstoff zu füllen. Ein solch' häufiger Wechsel der Flughöhe würde aber keinen Vorteil, sondern nur einen Nachteil bedeuten. Die Luftsäcke haben vielmehr eine flugtechnische Bedeutung. Werden sie mit Luft gefüllt, so wird der Umfang des Körpers vergrößert, ohne daß eine Gewichtszunahme erfolgt. Infolgedessen wird das spezifische

Gewicht geringer, wodurch das Fliegen erleichtert wird. Ferner begünstigen die Luftsäcke die Erhaltung des Gleichgewichts im Fluge. Auch bei der Erzeugung der Stimme, die im unteren Kehlkopf hervorgebracht wird, sind die Luftsäcke beteiligt. Die Vögel haben einen doppelten Kehlkopf. Der obere Kehlkopf schließt sich dem hinteren Rand der Zunge an und besitzt keine Stimmbänder. Er ist daher kein eigentliches Stimmorgan. Die Stimme wird vielmehr im unteren Kehlkopf erzeugt, der zwischen der Luftröhre und den Bronchien eingeschaltet ist. Dieser untere Kehlkopf, Syrinx genannt, besitzt die Stimmbänder und zeigt bei vielen Vögeln eine höchst eigenartige und komplizierte Bildung, die geradezu an ein Musikinstrument erinnert. Bei der Erzeugung der Töne spielt offenbar die in den Luftsäcken aufgespeicherte Luft eine Rolle, indem sie durch den Kehlkopf ausgestoßen wird.

Als einen Sauerstoffapparat, der dem Vogel den Aufenthalt in verdünnter, sauerstoffarmer Luft ermöglicht, können die Luftsäcke nicht angesehen werden. Die Theorie von der großen Höhe des Vogelzuges, die vor allem Gätke sehr stützte, läßt sich also physiologisch nicht rechtfertigen.

Um zuverlässige Angaben über die Höhe des Vogelfluges zu gewinnen, wandte ich mich im Jahre 1901 an die Luftfahrer mit der Bitte um Mitteilung, in welchen Höhen noch Vögel auf den Luftfahrten, besonders den wissenschaftlichen Hochfahrten, angetroffen werden. Professor Hergesell, der Präsident der Internationalen Aeronautischen Kommission, und die Luftschifferbataillone der Preußischen und Bayerischen Armee brachten meinem Wunsche reges Interesse entgegen und ordneten ornithologische Beobachtungen für die Luftfahrer an. Sie wurden nach einem von mir entworfenen Plan in der Weise ausgeführt, daß von den Luftfahrern auf einer umgedruckten Tabelle Aufzeichnungen gemacht wurden über Flughöhe, Fluggeschwindigkeit, Flugrichtung und Flugordnung der auf der Fahrt gesichteten Vögel, unter gleichzeitiger Angabe der Witterung. Die Meldungen der Luftfahrer wurden mir zugestellt. So war es mir möglich gewesen, eine neue Forschungsweise für die Lösung des Problems des Vogelzuges ins Leben zu rufen, die unsere Kenntnis von der Zughöhe sehr gefördert hat. Die Angaben der Luftfahrer besagen einstimmig, daß Vögel im allgemeinen nur in niedrigen Höhenlagen bis zu 400 m angetroffen werden, und daß ein Aufenthalt der Vögel in höheren Luftschichten, besonders über 1000 m, eine große Ausnahme bildet. So wurde einmal in 2000 m Höhe ein Schwarm Krähen beobachtet. Der Meteorologe Professor Süring teilte mir mit, daß er auf 100 wissenschaftlichen Hochfahrten, die große Höhen von vielen tausend Metern erreichten, nur einmal in 1400 m Höhe einige Krähen antraf, sonst aber nur unter 1000 m Höhe Vögel beobachten konnte.

In neuerer Zeit haben auch die Flieger sehr eifrig auf den Vogelflug geachtet und dieselben Erfahrungen gemacht. Auch sie bezeichnen es als eine seltene Ausnahme, wenn in Höhen über 400 m noch Vögel gesichtet werden. So schreibt Flugzeugführer Schröder aus Allenstein: „Auf dem Fluge von Elbing nach Königsberg traf ich Anfang Mai 1919 in ungefähr 1000 m Höhe zwei Vögel, welche nebeneinander nach Nordosten dem Frischen Haff zuflogen. Meiner Ansicht nach waren es Schwäne. Es ist das erstemal gewesen, daß ich in dieser Höhe bei allen meinen zirka 3000 Flügen Vögel angetroffen habe." Leutnant Viereck meldete, daß er während seiner dreijährigen Fliegertätigkeit von 1916 bis 1919 nur einmal zwei Vögel von Entengröße in 2200 m Höhe beobachten konnte und sonst niemals in Höhen über 250 m Vögel gesehen habe, obwohl er viele Höhenflüge bis zu 6000 m ausführte.

In einer Höhe von 2200 m wurde auch eine Schar Kleinvögel, anscheinend Schwalben, von einem Flieger gesehen. Abgesehen von den Höhenflügen einzelner Raubvögel, die in Höhen von 1000 bis 3000 m kreisten und für die Frage nach der Beurteilung der Zughöhe nicht in Betracht kommen, sind diese beiden Beobachtungen von 2200 m Flughöhe die größten bisher von den Luftfahrern festgestellten Höhenflüge der Vögel. Aus den Mitteilungen der Luftfahrer geht aber hervor, daß es sich hier offenbar um Ausnahmen handelt, da sonst stets nur in viel geringeren Höhen Vögel wahrgenommen wurden. Aber auch diese Höhe von 2200 m bleibt noch weit zurück hinter den Zahlen von 10000 und 12000 m, die man früher für die Flughöhe der Zugvögel angab.

Bei der großen Rolle, die heute das Flugwesen spielt, und in Anbetracht der zahlreichen Flüge während des Krieges, die große Höhen bis zu 6000 m erreichten, war also genug Gelegenheit geboten, Vögel in größeren Höhen anzutreffen. Wenn sie nicht beobachtet wurden, so beweist dies untrüglich, daß die Zugvögel im allgemeinen keine großen Höhen aufsuchen. Wir dürfen also auf Grund der Beobachtungen der Luftfahrer mit Sicherheit vermuten, daß die Zugvögel auf dem Wanderfluge sich in der Regel mit einer Flughöhe bis zu 400 m begnügen, daß nur selten Höhen von 400 bis 1000 m aufgesucht werden und daß die Grenze der Flughöhe wohl bei 2000 m liegt. Diese Zahlen gelten zunächst für den Zug über Tiefland und haben daher nur relative Bedeutung. Geht der Kurs über hohe Gebirge, dann müssen die Zugvögel natürlich vorübergehend höhere Luftschichten aufsuchen, worauf wir später noch zurückkommen werden.

Gegen die Beobachtungen der Luftfahrer hat man den Einwand erhoben, daß die meisten Vögel das Luftschiff oder Flugzeug fürchten, indem sie es wohl für einen großen Raubvogel halten, ihm aus weiter Entfernung ausweichen und daher von den Luftfahrern nicht wahrgenommen werden. Hiergegen sprechen aber alle die Fälle, in denen Vögel in der Nähe des Fahrzeuges gesehen wurden. Ferner hatte ich selbst Gelegenheit, zu beobachten, daß die Zugvögel sich durch den Anblick eines Luftfahrzeuges nicht im geringsten von ihrer Zugrichtung ablenken lassen. Als ich im Herbst 1913 zur Beobachtung des Vogelzuges auf der Kurischen Nehrung weilte, erschien an einem sehr guten Zugtage, an dem viele tausend Vögel in den Vormittagsstunden über die Nehrung zogen, plötzlich ein Zeppelin-Luftschiff, das von Süd nach Nord die Nehrung überflog. Das Luftschiff fuhr mitten durch die Vogelscharen, deren Kurs in entgegengesetzter Richtung ging, hindurch. Die Vögel ließen sich nicht im geringsten durch den Anblick des Fahrzeuges und das laute Geräusch der Propeller stören, sondern setzten ihre Zugbewegung unbekümmert fort. Der Einwand, daß die Zugvögel dem Luftschiff oder Flugzeug ausweichen, ist also nicht zutreffend.

Auch von den Vogelwarten Helgoland und Rossitten liegen bisher keine Erfahrungen vor, die eine große Zughöhe vermuten lassen. Ebenso konnte ich selbst auf der Kurischen Nehrung und bei vielen anderen Gelegenheiten, die sich mir zur Beobachtung des Vogelzuges boten, immer wieder feststellen, daß die Flughöhe ziehender Vögel selbst bei klarem, windstillem Wetter höchstens einige hundert Meter betrug. Ja, sehr häufig flogen die Vögel noch bedeutend niedriger, d. h. noch erheblich tiefer als 100 m.

Man könnte nun vermuten, daß bei sehr klarer, warmer und windstiller Witterung die Zugvögel vielleicht so hohe Regionen aufsuchen, in denen sie mit unbewaffnetem Auge nicht mehr gesehen werden können. Aber auch dies scheint nicht der Fall zu sein. Auf der Kurischen Nehrung flaut der Zug meistens gegen Mittag ab, und die Vögel fallen dann ein, um zu rasten. Auch bei einem sehr hohen Zuge, bei dem die Vögel nicht mehr sichtbar sind, müßten sie doch zum Rasten herabkommen. Dies konnte ich aber niemals beobachten. War trotz günstiger Witterung kein Zug bemerkbar, dann erschienen auch keine Vögel zur Rast — ein Beweis, daß eben überhaupt keine Zugbewegung stattfand.

Bei sehr starkem Winde beobachtete ich auf der Kurischen Nehrung stets eine auffallend niedrige Flughöhe. Die Vögel zogen dann so nahe über den Erdboden dahin, daß sie sogar geringe Erhebungen des Dünengeländes wellenförmig ausflogen. Starker Wind veranlaßt also die Zugvögel zu niedrigem Fluge. Da nun in hohen Luftschichten meist eine hohe Windstärke herrscht, so ist es auch aus diesem Grunde sehr unwahrscheinlich, daß die Zugvögel ihre Luftreisen in sehr großen Höhen ausführen. Man darf wohl annehmen, daß die Zugvögel bestrebt sind, diejenige Höhe aufzusuchen, in der eine für ihren Flug günstige Windstärke und Windrichtung herrschen.

Neben dem Winde scheint auch die Bewölkung die Höhe des Zuges zu beeinflussen. Ich konnte sehr oft beobachten, daß bei trüber, stark bewölkter Witterung die Zughöhe sehr niedrig war. Auch Nebel zwingt die Zugvögel zu niedrigem Fluge. Je mehr der Nebel zunimmt, um so tiefer wird der Flug. Bei allzu starkem Nebel stellen die Zugvögel die Reise ein. Hieraus geht hervor, daß die Vögel beim Fluge des freien Überblicks über die Erdoberfläche bedürfen und sich wohl auch auf dem Zuge nicht so hoch erheben, daß sie die Erde aus dem Auge verlieren.

Die obenerwähnten Kleinvögel, die von einem Flieger in 2200 m Höhe über den Wolken beobachtet wurden, konnten freilich die Erde nicht mehr sehen. Da dies aber der einzige Fall ist, in dem bisher Vögel außer Sehweite von der Erde von Luftfahrern angetroffen worden sind, und auch die Flughöhe, wie schon oben hervorgehoben wurde, ungewöhnlich hoch ist, so darf man wohl vermuten, daß es sich um eine abnorme Flugerscheinung handelt. Die Vögel waren vielleicht vom Nebel überrascht worden und hatten sich verirrt. Jedenfalls kann diesem einen Fall keine große Bedeutung beigelegt werden.

Um das Verhalten der Vögel in großen Höhen außer Sehweite der Erde zu prüfen, ließ ich Vögel von den Luftfahrern über den Wolken aussetzen. Zu dem Versuch wurden frisch eingefangene Vögel genommen, die sich in völlig einwandfreier Beschaffenheit befanden. Alle diese Vögel waren nicht imstande, in dem Wolkenmeer sich zu orientieren. Sie umflogen, ängstlich rufend, den Ballon, ja, setzten sich sogar auf den Korbrand nieder und machten die Fahrt so lange mit, bis beim Abstieg die Erde wieder sichtbar wurde. Besonders lehrreich war das Verhalten einer Heidelerche, die in 3000 m Höhe über einer dichten Wolkenschicht ausgesetzt wurde. Sie umkreiste beständig das Fahrzeug und wußte offenbar nicht, wohin sie sich wenden sollte. Plötzlich entstand durch einen starken Windstoß ein Spalt in der Wolkenschicht, durch den die Erde sichtbar wurde. Sofort flog die Lerche durch diesen Wolkenriß zur Erde nieder.

Das Ergebnis dieser Versuche deutet also ebenfalls darauf hin, daß die Vögel aus freien Stücken keine Höhen aufsuchen, in denen sie die Erdoberfläche nicht mehr sehen können. Auch dies spricht gegen einen Wanderflug in gewaltigen Höhen von vielen tausend Metern, wie man ihn früher vermutete.

Bei der Frage nach der Höhe des Zuges müssen wir, wie ich schon sagte, relative Begriffe zugrunde legen. Wenn Zugvögel ein 1000 m hohes Gebirge in einer Höhe von etwa 1300 m überfliegen, so befinden sie sich nur 300 m über der Erdoberfläche. Dies entspricht also einem Höhenflug von 300 m im Tieflande in bezug auf den Abstand von der Erde. Viele Vögel vermeiden den Flug über sehr hohe Gebirgszüge, andere Arten dagegen scheuen ihn nicht. So überfliegen Schwalben und Segler auf ihrem Zuge nach Afrika die Alpen. Sie werden in Gebirgshöhen von 3000 m beobachtet. Schnepfen, Gänse, Kraniche und Raubvögel überfliegen die Karpathen in Höhe von zirka 2500 m. Die englische Mount Everest-Expedition traf noch in Höhen von 6000 bis 7000 m einzelne Zugvögel, wie Rotschwänzchen, Pieper und Wiedehopf, an. Solche Höhenflüge gehören aber zweifellos zu den Ausnahmen, zumal es nicht größere Vogelscharen waren, die man antraf, sondern nur einzelne, vielleicht versprengte Vögel. Diese Zahlen dürften wohl die größte Höhe darstellen, die überhaupt von den Zugvögeln erreicht wird. Aber selbst die Höhe von 6000 bis 7000 m bleibt noch weit zurück hinter den Angaben der älteren Forscher, die den Vogelzug in die fast doppelte Höhe von 10 000 bis 12 000 m verlegten, in Entfernungen von der Erde, in denen Sauerstoffmangel und gewaltige Kälte jedes organische Leben in kurzer Zeit ertötet.

Diese phantastischen Zahlen waren hauptsächlich durch eine irrtümliche Höhenschätzung ziehender Vögel, die nur als kleinste Punkte sichtbar waren, hervorgerufen worden. So glaubte Gätke, ein eifriger Vertreter der Theorie des Höhenfluges der Zugvögel, die Flughöhe von Krähen, die wie kleine Punkte im Zenit über Helgoland erschienen, auf etwa 3000 bis 5000 m veranschlagen zu dürfen. Ich habe diese Schätzung nachgeprüft und eine in Flugstellung ausgestopfte Saatkrähe an einer langen Schnur unter einen aufsteigenden Fesselballon gehängt. Bei bester Beleuchtung war der Vogel schon in einer Höhe von 1000 m mit unbewaffnetem Auge nicht mehr zu erkennen. Die Entfernung, bis zu der ein Gegenstand sichtbar bleibt, hängt freilich von der persönlichen Sehschärfe des Beobachters ab. Da ich über eine fast doppelte Sehschärfe verfüge, so war also bei dem Versuch die Möglichkeit gegeben, den Vogel noch auf sehr weite Entfernung zu erkennen. Trotzdem war die Sichtbarkeitsgrenze bereits bei einer Höhe von 1000 m erreicht, woraus mit Sicherheit hervorgeht, daß Gätkes Angabe von 3000 m viel zu hoch geschätzt ist. Ein Bussard ist nach meinen Sehproben bis etwa 1500 m, ein Kranich bis 2000 m sichtbar. Wenn Gätke für den Bussard eine Sichtbarkeitsgrenze von 3600 m und für den Kranich von 6000 m angibt, so hat er sich auch hierin erheblich getäuscht. Gätkes Zahlen, die früher immer für die große Höhe des Vogelzuges angeführt wurden, beruhen also auf einem Irrtum, und damit fällt die ganze Theorie von der großen Zughöhe zusammen.

Wenn man die Sichtbarkeitsgrenze fliegender Vögel feststellen will, so darf man den Versuch nicht so ausführen, daß man die Objekte in horizontaler Entfernung aufstellt, sondern sie müssen sich in vertikaler Entfernung vom Beschauer befinden, denn die optischen Bedingungen sind in beiden Fällen ganz verschieden. Beim Sehen in vertikaler Visierlinie treten verschiedene Störungen auf. Besonders beeinträchtigt die Blendung bei klarem Wetter die Sehweite. Dies muß bei den Versuchen berücksichtigt werden, die infolgedessen nur in vertikaler Visierlinie ausgeführt werden dürfen.

Nach dem heutigen Stande der Wissenschaft, besonders auf Grund der von mir organisierten Beobachtungen der Luftfahrer, läßt sich mit ziemlicher Gewißheit sagen, daß die Zugvögel ihre Luftreisen nicht in allzu großen Höhen ausführen. Im Flachlande verläuft die Zugbewegung in der Regel nur in geringer Höhe unter 1000 m, meist nur in etwa 30 bis 400 m, und nur wenige Vogelarten, wie Wildgänse und Kraniche, erheben sich hier in höhere Luftschichten von etwa 1000 bis 2000 m. Nur wenn die Vögel sich gezwungen sehen, große Gebirgsstöcke, wie die Alpen oder gar den Himalaya, zu überfliegen, werden sie ausnahmsweise zu höherem Fluge genötigt, der sie unter Umständen bis zu Höhen von 6000 oder 7000 m hinaufführt, womit wohl die Grenze des Höhenfluges der Zugvögel erreicht ist.

Ebenso wie über die Höhe des Vogelzuges herrschte noch bis vor kurzem eine recht unklare Vorstellung über die Schnelligkeit, mit der die Zugvögel ihre Reisen ausführen. Auch hier verlor man sich wieder in geradezu mystische Gedanken. Man glaubte, daß die Zugvögel mit rasender Fluggeschwindigkeit dahinstürmen, die sie in den wenigen Stunden einer Nacht über ganze Erdteile führe. Als Beispiel führte man lange Zeit das Rotsternige Blaukehlchen der Tundra an, von dem Gätke glaubte, daß es auf dem Rückzuge nach der Heimat in einer einzigen Nacht von Ägypten über das Mittelländische Meer und ganz Europa bis Helgoland fliege. Die Entfernung dieser gewaltigen Strecke beträgt in der Luftlinie nicht weniger als fast 400 geographische Meilen (zirka 3000 km). Nimmt man eine neunstündige Flugzeit in der Märznacht an, so würde dies eine Fluggeschwindigkeit von etwa 333 km in der Stunde ergeben. Das kleine Blaukehlchen, das mit seinen abgerundeten Flügeln durchaus kein guter Flieger ist, würde dann also 9 Stunden lang mit einer Geschwindigkeit, die etwa viermal so groß ist als die Schnelligkeit eines Eilzuges und schon beinahe der Geschwindigkeit eines Geschosses gleichkommt, durch die Luft sausen. Trotzdem hat eine solche, geradezu märchenhaft klingende Anschauung lange Zeit die ornithologische Literatur beherrscht. Immer wieder wurde dieser mystische Rekordflug des Blaukehlchens als Beweis für die große Fluggeschwindigkeit der Zugvögel gedankenlos angeführt. Gätke war zu dieser Anschauung gelangt, weil das Rotsternige Blaukehlchen auf dem Frühjahrszuge so selten auf dem europäischen Festlande gesehen wurde, aber regelmäßig in großer Anzahl auf Helgoland erschien. So meinte er, daß das Blaukehlchen ohne Atempause von Nordafrika bis Helgoland fliege. Inzwischen hat man bereits festgestellt, daß das Rotsternige Blaukehlchen, dessen Heimat der hohe Norden der Alten Welt ist, überall auf dem Durchzuge in Europa rastet, und daß also Gätkes Vermutung auf einem Irrtum beruht, womit seine Theorie von dem Gewaltflug des Blaukehlchens widerlegt ist.

Man hat auf der Vogelwarte Rossitten mit Hilfe eigens für diesen Zweck hergestellten Instrumenten die Fluggeschwindigkeit der Zugvögel gemessen und dabei folgende Ergebnisse erzielt: Die Eigengeschwindigkeit der Krähe beträgt zirka 50 km in der Stunde, der Dohle 62 km, des Wanderfalken 59 km, des Buchfinken 53 km, des Zeisigs 56 km und des Stares 74 km, womit die höchste bis jetzt gemessene Fluggeschwindigkeit erreicht ist. Das sind ganz andere Werte als jene 330 km, die man in kühner Phantasie dem Blaukehlchen zuschrieb.

Diese Zahlen geben die Eigengeschwindigkeit der Vögel an, d. h. die Geschwindigkeit, die die Vögel beim Fluge mit ihren Flügeln entfalten. Für die Fluggeschwindigkeit, d. h. die Zeit, die der Vogel zum Zurücklegen einer bestimmten Strecke gebraucht, kommt außer der Eigengeschwindigkeit noch die Windstärke in Betracht. Als ein frei in der Luft schwebender Körper wird der Vogel vom Winde mitgeführt. Beim Fluge mit dem Winde setzt sich die Geschwindigkeit, mit der der Vogel vorwärts kommt, zusammen aus der Summe der Eigengeschwindigkeit und der Windstärke. Bei einer Eigengeschwindigkeit von 50 km in der Stunde und einer gleichzeitigen Windgeschwindigkeit von 10 km ergibt sich also eine Vorwärtsbewegung mit einer Geschwindigkeit von 60 km in der Stunde. Fliegt der Vogel aber gegen den Wind, so wird er während des Fluges fortwährend um soviel zurückgetrieben, als die Stärke des Windes beträgt. Es muß dann also letztere von der Eigengeschwindigkeit abgezogen werden. Legen wir dieselben Zahlen zugrunde, so würde der Vogel bei einem Fluge gegen den Wind nur 40 km in der Stunde zurücklegen. Die Windgeschwindigkeit muß also bei Errechnung der Fluggeschwindigkeit berücksichtigt werden. Der Flug mit dem Winde ist für den Zugvogel der günstigste, denn er bringt ihn am schnellsten vorwärts. Es läßt sich daher vermuten, daß die Zugvögel bestrebt sind, jene Luftschichten aufzusuchen, in denen sie mit dem Winde fliegen können, denn wir wissen ja dank der Fortschritte der Meteorologie, daß die Luftströmungen in der Vertikalebene sehr verschieden sein können, ohne daß die Höhenunterschiede sehr bedeutend zu sein brauchen. Die Vögel sind daher keineswegs gezwungen, gleich zu großen Höhen aufzusteigen, um günstige Luftströmung aufzusuchen.

Die Messungen der Fluggeschwindigkeit der Zugvögel wurden bisher erst an wenigen Arten ausgeführt und reichen daher noch nicht aus, um ein abschließendes Urteil zu gewinnen. Man darf vermuten, daß die besten Flieger unserer einheimischen Vögel, wie Segler, Schwalben, Regenpfeifer und Schnepfen, auf dem Zuge eine noch größere Geschwindigkeit entfalten, die die Eigengeschwindigkeit des Stares mit 74 km noch übertrifft, ohne daß jedoch so märchenhafte Zahlen erreicht werden, wie man sie für das Blaukehlchen aufgestellt hat.

Wanderfalke und Star sind ja bekanntlich ausgezeichnete Flieger, und trotzdem zeigen sie auf dem Zuge keine sehr große Geschwindigkeit. Es ist ja eigentlich ganz natürlich, daß die Zugvögel ihre Fluggeschwindigkeit in mäßigen Grenzen halten. Der Zug ist ein mehrstündiger Dauerflug, der Vogel muß also mit seinen Kräften sparsam umgehen. Ebenso wie der Streckenläufer kein allzu schnelles Tempo anschlagen darf, um große Entfernungen zu meistern, darf auch der Vogel beim Streckenflug keine zu hohe Geschwindigkeit wählen. Auch werden sich die einzelnen Vogelarten recht verschieden verhalten, wie ja auch aus den obengenannten Zahlen der Eigengeschwindigkeit hervorgeht, die zwischen 50 km und 74 km schwanken. Gute Flieger mit besserer Ausrüstung der Flugwerkzeuge leisten natürlich mehr als geringe Flieger mit ungünstigerer Beschaffenheit ihrer Schwingen.

Um einen Irrtum zu vermeiden, möchte ich noch besonders darauf hinweisen, daß die angegebenen Zahlen für die Fluggeschwindigkeit der Zugvögel sich natürlich einzig und allein auf die Schnelligkeit des Wanderflugs beziehen, aber nicht etwa die Höchstleistungen des Fliegens darstellen. Wenn ein Wanderfalke eine Taube im Fluge verfolgt, dann entwickelt er selbstverständlich eine viel größere Fluggeschwindigkeit, als wenn er sich auf dem Zuge befindet, wo er sich damit begnügt, in der Stunde etwa 59 km zurückzulegen. Die größte Geschwindigkeit, die ein Vogel vorübergehend auf kurze

Strecken zu entfalten vermag, ist etwas ganz anderes als die Fluggeschwindigkeit auf einem lange währenden Dauerflug, wie ihn die Zugvögel auf ihren Reisen ausführen.

Über die höchsten Flugleistungen der Vögel sind wir heute auch unterrichtet. Sie sind ebenfalls nicht so groß, als man früher glaubte und der Laie wohl noch heute vermutet. Die schnellsten Flieger sind die Stachelschwanzsegler und der Fregattvogel. Sie sollen im Fluge eine Eigengeschwindigkeit bis zu 44 m in der Sekunde entwickeln können. Die Eigengeschwindigkeit des Stares auf dem Zuge beträgt 74 km in der Stunde, woraus sich eine Sekundengeschwindigkeit von zirka 20 m ergibt. Die Höchstleistung, die ein Vogel im Fluge zu erreichen vermag, ist also etwa nur doppelt so groß wie die Flugleistung ziehender Stare. Vergleicht man diese Höchstleistung im Fliegen von 44 m/sec mit der angeblichen Flugleistung des Rotsternigen Blaukehlchens von 330 km in der Stunde, d. h. zirka 92 m/sec, so ergibt sich ein bedeutender Unterschied. Die Höchstleistung der besten Flieger bleibt weit hinter der dem Blaukehlchen angedichteten Flugleistung zurück, indem sie nicht einmal halb so groß ist. Wir sehen also, wie sehr man früher das Flugvermögen der Vögel überschätzt hat.

Auch die Tagesleistungen der Zugvögel sind bei weitem nicht so groß, als man bisher vermutete. Durch die Vogelberingung konnte mehrfach die Flugstrecke ziehender Vögel festgestellt werden. Beringte Störche, deren Fortzug aus der Heimat festgelegt war, wurden nach einiger Zeit während ihres Zuges nach der Winterherberge erbeutet, und man konnte nun berechnen, wie lange sie unterwegs gewesen waren. Hiernach legt der Storch auf dem Herbstzuge etwa 120 bis 200 km täglich zurück. Das ist verhältnismäßig wenig, jedenfalls viel weniger, als man vermuten sollte. Im Frühjahr reist der Storch schneller. Er führt dann etwa doppelt so große Tagesleistungen aus, wie sich aus der Berechnung nach dem Termin des Fortzugs der Störche aus Südafrika und ihrer Ankunft bei uns in Deutschland ergibt. Daß der Zugvogel im Frühjahr seine Reise beschleunigt, ist leicht erklärlich, denn hier kommt neben dem Zugtrieb noch der

Fortpflanzungstrieb in Betracht, der zur Rückkehr in die Heimat mahnt. Die Allmacht der Liebe beschleunigt die Reise des Zugvogels. Die Flugstrecke von 400 km ist aber keineswegs groß, wenn man bedenkt, daß der Storch bei einer Fluggeschwindigkeit von etwa 60 km in der Stunde nur 6½ Stunden täglich zu fliegen braucht und ihm daher noch reichlich Zeit zur Rast und Nahrungssuche zur Verfügung steht.

Für ein beringtes Bläßhuhn ergab sich auf dem Herbstzuge eine tägliche Flugleistung von 262 km. Noch viel geringer sind die Flugleistungen kleiner Singvögel, die sich häufig damit begnügen, nur 50 bis 70 km in 24 Stunden zurückzulegen. Größere Flugleistungen vollführen die Schnepfen, die ja bekanntlich vortreffliche Flieger sind. Bisweilen finden im Herbst Massenzüge von Waldschnepfen statt, über deren Auftreten dann die Jagdzeitungen genaue Berichte bringen. Nach diesen Angaben konnte ich berechnen, daß solche Schnepfenwellen täglich etwa 400 bis 500 km vorrücken. Dies entspricht also ungefähr der Frühjahrsreise unseres Weißen Storches. Die Flugleistung ist also auch nicht besonders groß.

Wir sehen aus diesen Fällen, in denen eine Kontrolle der Flugzeiten möglich war, daß die Zugvögel sich auf ihrer weiten Reise nicht beeilen und überstürzen, sondern daß sie sich Zeit nehmen und den Zug in aller Ruhe und Gemächlichkeit durchführen. Auch die gewaltigen Flüge der Regenpfeifer und schnepfenartigen Vögel, die im Nördlichen Eismeer brüten und in Südasien und dem südlichsten Südamerika überwintern, erfolgen ohne Hast und Eile. Die Entfernung von der Arktis bis nach Patagonien, die beispielsweise der Kleine Wassertreter meistert, beträgt zirka 15000 km. Diese Strecke, so gewaltig sie auch erscheint, kann der Vogel bei einer täglichen Flugleistung von nur 320 km bequem in 47 Tagen ausführen. Eine tägliche Flugleistung von 320 km bedeutet aber für einen so gewandten Flieger, wie es der Wassertreter ist, gar keine Anstrengung. Er wird in der Fluggeschwindigkeit den Star noch übertreffen und wohl imstande sein, 80 km in der Stunde zu durchfliegen. Dann braucht der

Vogel aber täglich nur 4 Stunden zu ziehen, um die Tagesleistung von 320 km zu erreichen. Wir sehen also, daß wir immer wieder auf Flugleistungen zurückkommen, die durchaus natürlich und möglich sind, aber nicht sich ins Übernatürliche und Mystische verlieren, wie man es früher angenommen hat.

Ein langsames Wandern mit verhältnismäßig kurzen Flugstrecken und langer Rast ist natürlich nur möglich, solange die Reise über Land geht. Gilt es aber, weite Meeresteile zu überfliegen, dann wird freilich an die Flugleistung der Zugvögel eine größere Kraftprobe gestellt. So ziehen z. B. japanische Singvögel, wie die Rotschwanzwürger, von Japan über das Meer nach der Ostküste Chinas. Sie haben dann eine offene Meeresstrecke von zirka 700 km zu überfliegen. Nimmt man eine Fluggeschwindigkeit von 60 km in der Stunde an, so würde sich für die Vögel ein 11—12 stündiger Dauerflug ergeben. Dies ist eine ganz gewaltige Leistung, zu der die Vögel durch die besonderen Verhältnisse gezwungen werden. Beim Fluge mit dem Winde wird diese Zeit freilich abgekürzt, während sie sich bei Gegenwind noch verlängert.

Eine bedeutende Meeresstrecke von fast 500 km überfliegen die Waldschnepfen, die von Skandinavien über die Nordsee nach Schottland ziehen. Nach den Berichten schottischer Jäger erscheint die Waldschnepfe auf den Orkney-Inseln und an der Ostküste Schottlands auf dem Herbstzuge zeitweise in großen Massen. Schottische Fischer finden bisweilen zahlreiche tote Schnepfen, die in der Nähe der Küste auf dem Meere treiben. Man darf wohl annehmen, daß während des Fluges über das offene Meer plötzlich ein starker Gegenwind einsetzte, der den Flug sehr erschwerte und verzögerte, so daß die Vögel ermatteten und ins Meer stürzten, bevor sie ihr Ziel erreichen konnten. Eine geradezu katastrophale Vernichtung der Waldschnepfen auf ihrem Zuge von Norwegen nach Schottland richtete der gewaltige westliche Sturm an, der am 23. und 24. November 1928 in diesem Gebiet der Nordsee herrschte. Nach einem schottischen Bericht soll ein Dampfer, der am 25. November auf der Fahrt von Norwegen nach Hull war, durch „ein Meer von Tausenden von toten

Schnepfen" gefahren sein. — Man sieht hieraus, welchen Gefahren die Zugvögel beim Fluge über weite Meeresteile ausgesetzt sind und wie oft die Reise ins Verderben führt.

Nach den Berichten amerikanischer Ornithologen findet ein reger Vogelzug von den Alëuten, der Alaska vorgelagerten Inselgruppe, quer über den Stillen Ozean nach den Hawai-Inseln statt. Die Entfernung beträgt rund 3000 km. In der Hauptsache sind es freilich Schwimmvögel, die diese Zugstraße wählen. Sie können sich jederzeit auf den Wellen des Meeres ausruhen. Aber auch ein kleiner Regenpfeifer, der nordamerikanische Goldregenpfeifer (*Charadrius dominicus fulvus Gm.*), soll diesen weiten Ozeanflug ausführen. Man kann kaum annehmen, daß der Regenpfeifer eine Ruhepause mitten auf dem offenen Weltmeer wagt, sondern muß vermuten, daß er diese Strecke von 3000 km in einem ununterbrochenen Fluge meistert. Dem sehr gewandt und schnell fliegenden Regenpfeifer darf man wohl eine Eigengeschwindigkeit von 90 km in der Stunde zubilligen. Dann würde der Vogel bei windstillem Wetter 33 Stunden zu diesem Fluge gebrauchen. Das wäre freilich eine ganz gewaltige Flugleistung, die kaum noch glaubhaft erscheinen kann. Ob hier vielleicht doch ein Irrtum vorliegt, läßt sich nicht ohne weiteres entscheiden. Von der Hand zu weisen ist jedoch dieser Rekordflug des amerikanischen Regenpfeifers nicht, wie aus der folgenden, sehr interessanten Mitteilung des Forschers Henshaw hervorgeht. Er berichtet, daß ein Regenpfeifer einem von St. Franzisko auslaufenden Schiff fast zwei volle Tage im Fluge folgte, bis er schließlich ermattete und zurückblieb. In dieser Zeit hätte der Vogel auch den Flug von den Alëuten nach den Hawai-Inseln bezwingen können.

Der Zug des Regenpfeifers über eine 3000 km lange Ozeanstrecke ist jedenfalls eine wundersame Erscheinung in dem rätselhaften Problem des Vogelzuges, das noch so viele Geheimnisse birgt, deren Aufklärung noch unendlich viel Arbeit und Mühe erfordert.

MIX
Papier aus verantwortungsvollen Quellen
Paper from responsible sources
FSC® C105338

If you have any concerns about our products,
you can contact us on
ProductSafety@springernature.com

In case Publisher is established outside the EU,
the EU authorized representative is:
Springer Nature Customer Service Center GmbH
Europaplatz 3, 69115 Heidelberg, Germany

Printed by Libri Plureos GmbH
in Hamburg, Germany